负压隔离病房建设
简明技术指南

许钟麟　主　编
张彦国　曹国庆　副主编

U0343249

中国建筑工业出版社

图书在版编目（CIP）数据

负压隔离病房建设简明技术指南/许钟麟主编. —北京：中国建筑工业出版社，2020.4（2020.11重印）
ISBN 978-7-112-24999-2

Ⅰ.①负… Ⅱ.①许… Ⅲ.①隔离（防疫)-病房-通风系统-建筑设计-指南 Ⅳ.①TU246.1-62
②TU834.5-62

中国版本图书馆CIP数据核字(2020)第051883号

责任编辑：张文胜
责任校对：李美娜

负压隔离病房建设简明技术指南

许钟麟 主 编

张彦国 曹国庆 副主编

＊

中国建筑工业出版社出版、发行（北京海淀三里河路9号）

各地新华书店、建筑书店经销

北京科地亚盟排版公司制版

天津翔远印刷有限公司印刷

＊

开本：850×1168毫米 1/32 印张：2⅞ 字数：73千字
2020年6月第一版 2020年11月第三次印刷
定价：**20.00**元
ISBN 978-7-112-24999-2
(35741)

版权所有 翻印必究

如有印装质量问题，可寄本社退换
(邮政编码 100037)

本书编委会

主　　　编：许钟麟

副　主　编：张彦国　曹国庆

编写组成员（以姓氏笔画为序）：

牛维乐　冯　昕　李　屹

张丽娜　张昱东　张益昭

陈清莹　周　权　梁　磊

崔　磊　谭　鹏　潘红红

序

　　新冠肺炎疫情发生以来，中国建筑科学研究院建筑环境与能源研究院（以下简称我院）结合"抗疫"实际，预判疫情形势，积极发挥在建筑室内环境领域的科技优势，勇担社会责任，主动为疫情防控工作提供科技支持，助力打赢疫情防控阻击战。本书为我院净化空调技术中心团队所著，该团队在室内污染控制、生物安全等方面有几十年技术积累，拥有许钟麟、张益昭等老一辈行业知名专家和张彦国、曹国庆、冯昕、梁磊等中青年专家，近三年主编、参编我国医院、实验室、药厂等洁净室领域相关国家/行业标准20余部；完成10余项室内污染控制、生物安全方面国家级重点专项课题；以多种语言出版多本相关技术专著；完成大量高级别生物安全实验室、高等级防护疫苗生产车间的设计及评价，是国内外此领域具备雄厚实力的技术团队之一。

　　新冠肺炎疫情期间，我院发挥优势，创新主编发布新冠病毒检测医学实验室建设标准，完成疫苗生产建筑标准，均获国际领先水平评价；应急撰写这本隔离病房建设专著，为新冠病毒检测、隔离病房、疫苗生产的设施建设提供急需技术指导；对外积极分享中国经验，完成通风系统净化装置国家标准的英文版，提出实验室关键防护装置ISO标准提案；逆流而上，派出多支检测队伍，完成全国多家新冠定点实验室、负压隔离病房、负压隔离急救车等检测任务；为推动复工复产，编制并发布空调通风系统运行指南，为抗疫工作提供重要支撑；开展全国多地疾控中心和海关生物安全三级实验室新改扩设计，承担了我国首批所有全病毒灭活新冠疫苗生产车间设计和咨询，为疫苗生产并取得最终防控胜利提供必备设施条件。这些工作充分体现了科技工作者技术过硬、敢于担当、勇于奉献、创新争先的精神。

本书基于中国建筑科学研究院在医疗建筑领域儿十年的研究成果，以新制订的国家标准《医院洁净护理与隔离单元技术标准》为依据，系统地介绍了医院负压隔离病房在设计与建设过程中涉及的平面布局、建筑装饰、通风空调等专业内容，为负压隔离病房的设计与建设提供参考和帮助。

感谢本书编委会成员的辛苦付出，期望为新冠肺炎疫情防控和后续医院负压隔离病房建设作出应有贡献！

中国建筑科学研究院
建筑环境与能源研究院院长
2020 年 4 月

前　　言

新冠肺炎疫情暴发以来，全国人民万众一心，筑起了抗"疫"的坚固长城。广大医务工作者奋不顾身，广大科技工作者克难攻关，疫情防控取得阶段性重要成果。

我们是普通的净化空调科研人员，虽然身在"后方"，但心系"前线"，也心系"战后"的明天，于是尝试将 SARS 之后和负责有关室内微生物污染控制的"十三五"课题（2017YFC0702800）所进行的有关科学研究、产品开发、编制国家标准等所取得的点滴经验和心得，以简明的形式写成这本小册子。它包含了 SARS 以后我们自主提出的动态隔离理论及模拟隔离病房的实验成果，成果专著 10 年后即 2016 年被外国出版社以《Dynamic Lsolation Technologies in Negative Pressure Lsolation Wards》（《动态隔离理论在隔离病房的应用》）为书名译成英文出版，一年多的时间被下载 1600 余次。

在本书中也介绍了我们四年前获得的美国专利、2019 年年底获得欧洲 6 国专利的两项成果，这些成果的产品已在某些生物安全实验室和近 300 间隔离病房中得到应用。其他引用成果不再一一列举。

希望这本小册子能为后续的负压隔离病房建设工作献上几点建议，并希望得到同行的批评指正。

中国建筑科学研究院有限公司
建筑环境与能源研究院
净化空调技术中心主任张彦国
2020 年 4 月

目　　录

第1章 导　　论

　　2002 年 11 月，首例严重急性呼吸综合征（SARS，"非典"）患者被发现。截至 2003 年 8 月 7 日，全球累计非典病例共 8422 例，涉及 32 个国家和地区，死亡率近 11%。2019 年 12 月湖北武汉发生新型冠状病毒肺炎（简称"新冠肺炎"），世界卫生组织（WHO）将其命名为 COVID—19，意思是由于冠状病毒（Corona Virus）感染导致的疾病（Disease），这一疾病在 2019 年被发现。2020 年 1 月 23 日上午 10 点武汉"封城"，1 月 29 日全国 31 个省（自治区、直辖市）皆有病例报告；至 3 月 17 日 7 时，中国以外有 150 多个国家和地区累计确诊病例 92228 例，死亡病例 3788 例，超过中国的 81116 例和 3231 例❶，死亡率均接近 4%。仅过去一个多月，截至北京时间 2020 年 4 月 25 日 24 时，中国累计确诊病例 84338 例，累计死亡病例 4642 例❶，死亡率约 5.5%；据美国约翰斯·霍普金斯大学的统计数据，截至北京时间 2020 年 4 月 26 日 2 时，全球确诊病例达 2865938 例，死亡病例 200698 例，死亡率约 7%。此次疫情已是全球大流行。

　　长期以来，人们对传染病有以下误区：

　　（1）经济发达了，科技发达了，许多传染病已消失了，生物科技也将最终战胜传染病。

　　（2）现代威胁人类健康的主要是心脑血管疾病、癌症和糖尿病。

　　（3）对接触传播传染病的重视远高于对空气传播传染病的重视。

　　全球有 41 种主要传染病，其中经空气传播的就达 14 种，

---

❶　信息来自国家卫生健康委员会官方网站"疫情通报"。

在各种具体传播途径中，空气传播占首位；全球因微生物气溶胶引起的感染中 20％为呼吸道感染。我国呼吸道感染在医院感染中占首位，最多达到 53％，这与西方国家以泌尿系统感染居首位明显不同。

由于对空气传播的疾病认识不足，有关的标准欠缺，称得上真正是负压隔离病房的传染病房尤显不足。在国家标准《传染病医院建筑设计规范》GB 50849—2014 的"建筑设计"一章中有一节是"重症监护病房"共 5 条，在"采暖通风与空气调节"章中有一节是"负压隔离病房"，共 8 条。北京市地方标准《负压隔离病房建设配置基本要求》DB 11/63—2009 则是专门针对负压隔离病房的。根据社会需要，国家标准《医院洁净护理与隔离单元技术标准》已上报待批（以下简称"技术标准报批稿"），对负压隔离病房等三类重症病房从标准到措施、检测、验收、评定与维护都有详尽的规定。

在疫情暴发初期，最严重而紧迫的任务是要尽快将确诊病人和疑似病人安置在隔离病房内，避免交叉感染。根据"应收尽收"的要求，对轻症患者也要大量收治，这就不是一般医院隔离病房所能承受的，于是在我国创举式的"方舱医院"（能收治几百上千人的医疗场所）出现了。

所有这一切不仅是为了保护患者和环境，保护医护人员也具有特殊意义。据报道，截至 2020 年 2 月 11 日 24 时，全国共报告医务人员确诊病例是 1716 例，占到当时全国确诊病例的 3.8％，其中有 6 人不幸死亡，占当时全国死亡病例的 0.4％。所以对隔离病房建设的迫切要求是：

（1）保护患者之外的病人、医护人员不受感染。

（2）保护室外环境不受污染。

（3）保护患者之间不发生交叉感染。

所以，控制院内感染的一个重要方面是控制空气途径（包括由空气途径转为接触途径）感染，而通风净化系统则成为传染性隔离病区、病房改造和新建的核心。

第2章 隔 离

2.1 感染的传播

(1) 关于疾病传播有三个条件：传染的微生物源、易感人群、传播途径。关于传播途径，总体来说只有两大类：接触传播和空气传播。前者包括血液传播（如输血、注射、划伤、创伤、手术等所引起）、体液传播（如性生活、接吻、哺乳等所引起）、食入传播（如食入不洁食品、饮用不洁水所引起）、虫媒传播（如虫叮，在皮肤上有虫爬过划伤所引起）、来源于空气传播的接触传播。后者是指如果空气消毒不彻底，微生物气溶胶沉积到身上、手上或其他手可触及的表面上，再通过接触易感染部位同样也可以发生感染。Willam 有句名言："凡能经空气传播的也能经接触传播。"空气传播则是吸入致病微生物引起人的"呼吸道感染"。通过空气传播呼吸道感染的病原体有 30 多种，包括细菌、病毒、支原体、衣原体等。

空气传播疾病显然不是靠空气中的各种气体成分，而是靠含有的致病有生命微粒。空气中的微粒一种是无生命微粒，一种是有生命微粒，后者就包括细菌和病毒。细菌和病毒都不能裸体存在，都是存在于能提供营养和水分的载体颗粒上，病毒对载体的要求更苛刻。

(2) 上述含有微粒的空气就构成了气溶胶。所谓气溶胶，就是指含有由悬浮在空气中的 $0.001\sim100\mu m$ 的固态或液态微粒所组成的体系，与水溶胶相对应。日常生活中如拉窗帘、扫床、脱穿衣服的活动都会产生尘粒和气溶胶大小的微粒，见表 2-1。

人的发尘量一例　　　　　　　　　表 2-1

动作	发尘量［粒/(min·人)］(≥0.5μm)		
	普通工作服	洁净工作服	
		一般尼龙服	从头到脚全套型尼龙服
坐着	3.39×10^5	1.13×10^5	5.58×10^4
坐下	3.02×10^5	1.12×10^5	7.42×10^3
手腕上下移动	2.98×10^6	2.98×10^5	1.86×10^4
上体前屈	2.24×10^6	5.38×10^5	2.42×10^4
腕自由运动	2.24×10^6	2.98×10^5	2.06×10^4
头部上下左右运动	6.31×10^5	1.51×10^5	1.10×10^4
上体扭动	8.50×10^5	2.66×10^5	1.49×10^4
屈身	3.12×10^6	6.05×10^5	3.74×10^4
脚动	2.80×10^6	8.61×10^5	4.46×10^4
步行	2.92×10^6	1.01×10^6	5.60×10^4

就以撕纸来说，也会产生不少气溶胶，见表 2-2。

纸的发尘量（单位：粒/L）　　　　表 2-2

种类	撕半分钟 (≥0.3μm)	揉半分钟 (≥0.3μm)
普通纸	4410	10220
硫酸纸	1837	523

当然，人的讲话、咳嗽、打喷嚏都会产生气溶胶（有液体也有食物颗粒），还会产生比气溶胶大得多的大飞沫，一次喷嚏可产生数十万至百万个 $10\mu m$ 的气溶胶。图 2-1 是日本《空气净化手册》给出的打喷嚏产生的飞沫和气溶胶，图中小飞沫即气溶胶（包括飞沫核）。飞沫在飞行中逐渐失去含有盐分的唾液中的水分，2s 后在 20℃和 60%相对湿度下可缩小到 1/5（仅存溶质），成为飞沫核。

飞沫核不一定就是病毒大小，一般还要大一些，因为裸体病毒太小了，见表 2-3。

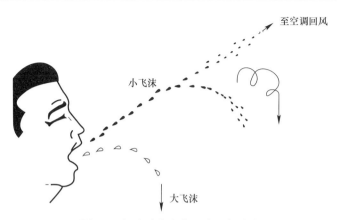

图 2-1　打喷嚏产生的飞沫和气溶胶

病毒尺度（0.008～0.3μm）　　　　　　　　　　表 2-3

病毒名称	尺寸（μm）	病毒名称	尺寸（μm）
脊髓灰质炎病毒	0.008～0.03	流行性腮腺炎病毒	0.09～0.19
流行性乙型脑炎病毒	0.015～0.03	副流感病毒	0.1～0.2
鼻病毒	0.015～0.03	麻疹病毒	0.12～0.18
肝炎病毒	0.02～0.04	狂犬病病毒	0.125
SARS 病毒	0.06～0.2	天花病毒	0.2～0.3
腺病毒	0.07	呼吸道病毒	0.3
呼吸道融合病毒	0.09～0.12		

如果纯粹按打喷嚏的初速度来说，计算结果并不能使飞沫（大飞沫）被抛出很远，由于受到重力作用和阻力影响，几百微米的大飞沫其前进距离大约在 0.9m 以内。但是气溶胶（100μm 以下的飞沫）受重力影响很小，打出的气流速度则是带动飞沫运动的主要因素，飞沫主要被气流带动前进，逐渐成为飞沫核，如有回风，则吸向回风口。

从上文分析可知，气溶胶传播是空气传播的一个重要部分。空气传播就是空气把它含有的一种东西传播给人类，气溶胶就是这种东西。就是大飞沫也是经过空气传输过来的。据国外研究，一个空洞型肺结核病人每小时通过呼吸可排出 13 个传染性飞沫核，在 4 周时间可使 27 人被感染。也有人在鸡舍外空气中采到新城鸡瘟病毒。口蹄疫病毒和 Q 热立克次氏体可借助空气传播 10km 甚至几十千米，造成人畜的吸入感染。所以说"三英尺外没危险"的观点是太绝对了，只能说"三英尺（约 1 米）内最危险。"据报道，吉林大学第一医院研究团队在隔离病房、发热门诊、导医台等处空气中检出新病毒。还有很多例子用口中喷出大飞沫传染是很难解释的。

（3）上文的内容只是为了说明空气传播不是指单纯的气体传播，而是主要指空气气溶胶（包括 $100\mu m$ 以下的飞沫和飞沫核）传播，还包括由气流带动的大飞沫的传播（进入人体有关部位，如口、鼻、眼）和沉积于身上变成接触传播。气溶胶传播虽然比面对面的大飞沫传染危险性要小得多，它的可被感染的病毒剂量要小得多，病毒活性也要弱得多，但它就是空气传播，不能妄言"气溶胶不等于空气传播"。

（4）空气传播的严重性。空气传播既包括气溶胶的传播也包括大飞沫的传递。空气传播造成呼吸道感染，这种感染的严重性在于以下几方面：

1）暴发性：在短时间内能造成大量人群感染，例如 2003 年的 SARS 和今天的新冠肺炎。

2）感染面积大：可造成全国大流行。新冠肺炎已造成全球大流行。

3）感染剂量特别低：例如吃进 1 亿个兔热杆菌才能使人感染，而吸入 10～50 个兔热杆菌就会发病。

4）可转化成接触传播：当微生物气溶胶沉积到身上、手上或其他手可触及的表面上，再通过接触易感染部位（例如眼睛）同样也可以发生感染，就是前面所说的"凡经空气传播的也能经接触传播"。

2.2　隔离的方式

1. 屏障隔离

利用平面规划时设置的抗渗透性屏障或者无空气交换的密

闭空间，对可能引起污染和交叉感染的空气流动进行物理阻隔，即实现屏障隔离，也称物理隔离。其形式有：带密闭门的隔离壁板，如图 2-2 所示；带密闭门的隔离小室，如图 2-3 所示；带传递窗的隔离墙，如图 2-4 所示；传递窗在本书第 9 章再介绍；带气闸室或缓冲室的房间，如图 2-5 所示。

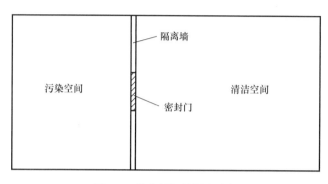

图 2-2　带密闭门的隔离壁板

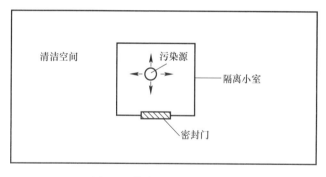

图 2-3　带密闭门的隔离小室

　气闸室如图 2-5 所示，是作为洁净室的辅助部分，最早由 1961 年的美国空军技术条令 T.O.00-25-203 提出：气闸室是位于洁净室入口处的小室。气闸室的几个门在同一时间内只能打开一个，其目的是为了防止外部受污染的空气流入洁净室内，从而起到"气密"作用。

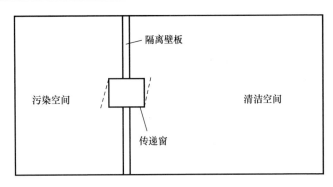

图 2-4　带传递窗的隔离墙

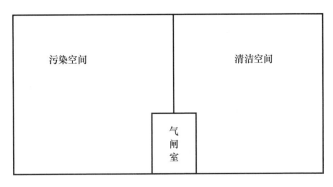

图 2-5　气闸室

当然，气闸室也可防止内部污染空气流出来污染环境。

世界卫生组织也曾在其《药品生产质量管理规范》（GMP）中指出：气闸室指具有两扇门的密封空间，设置于两个或好几个房间之间，例如不同洁净度级别的房间之间。其目的是在有人需要出入这些房间时，气闸室可把各房间之间的气流加以控制。气闸分别按人用及物用设计使用。

可见，气闸室仅是一间门可联锁或不同时开启的房间，对已经进入气闸室的污染并不能排除。根据国内的研究，它已被通洁净风、有压差要求的缓冲室替代，详情后述。

戴口罩、面罩等也可属于屏障隔离。病人讲话、咳嗽和打喷嚏，都可以释放出气溶胶微粒。一声咳嗽最多可喷出 3500 个微粒，相当于正常说话 5min 排出的微粒数，而一个喷嚏喷出的微粒数又比咳嗽时大近百倍至千倍。为了防止接触到带菌微粒，特别是在人际距离甚至不足 1m 的时候，人体保护措施有口罩、面罩、护目镜、隔离防护服、正压防护服等。口罩不仅适用于非病人，以防止气溶胶的入侵；也适用于病人，以阻挡气溶胶特别是大飞沫的排出。

上述的一次隔离对于这次新冠肺炎的大流行更具重要意义。因为这次疫情大流行，按世界卫生组织的一再申明，主要是通过呼吸道飞沫在人与人之间传播，还没有找到通过空调系统传播的明显例证，所以上述人体保护措施尤显重要。

口罩材料应具有较高的微粒过滤效率和较小的通气阻力。如果以大于或等于 $0.5\mu m$ 微粒衡量，16 层纱布的过滤效率也就不到 10%，而且阻力大，吸湿严重，反而促使细菌生长繁殖，是不可取的。理想的是用聚丙烯纤维滤纸来做。

我国标准对口罩分为两类，即 KN 和 KP，分别对应于美国的 N 类和 P 类。所谓 N（或 KN）95 口罩就是对中值粒径为 $0.075\mu m$ 的氯化钠颗粒的过滤效率达到 95%。据计算，对大于或等于 $0.5\mu m$ 的微粒效率就可以达到 99.97%。氯化钠微粒即固态微粒，也就是非油性或非液态微粒。所以仅说"N95 口罩是对非油性微粒效率达到 95% 的口罩"是不完整的，因为它缺了最主要的特征：阻隔微粒的大小。

2. 气流隔离

在开启的门口、洞口或者一个空间区域有正常的人、物和气流的流动情况，即动态情况下，通过具有一定速度的气流保持从清洁区向污染区的流动，以实现对污染区向清洁区的污染传播的隔离。

对于一个常开的洞口来说，要靠压差抵挡洞口另一侧的污染是不现实的，例如，一个 0.2m×0.2m 的洞口，当其两侧房间维持 5Pa 压差时，通过该洞口从一边流向另一边的空气量将达到 $416m^2/h$，对于不是很大的房间来说，多补充这样多的新风是很困难的。

在平面规划时必须在相邻区域开这样的洞口时，德国最早提出的流动空气抵抗污染的概念可以被用于这种场合，而后来则被国际标准（ISO）明确用于隔离污染，并提出通过孔洞的气流速度应大于 0.2m/s。以上要点可用图 2-6 表示。

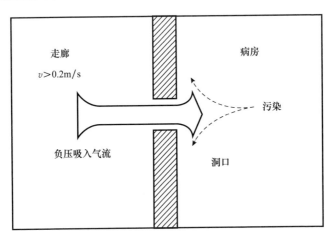

图 2-6　负压房间从洞口吸入速度的作用

要注意这一速度是不适合于开门这种情况的。之所以采用 0.2m/s，是因为除去另一侧直接向洞口吹风外，正常的吹向洞口的气流流动速度一般不超过 0.2m/s，一侧靠正常气流流动速度是不容易穿过有速度大于 0.2m/s 的外流气流的洞口进入另一侧的。

假定此洞口仍为 0.2m×0.2m，则保持 0.2m/s 的外流气流速度在两侧只需约 0.04Pa 的压差，也就是说两侧压差小到测不出来，甚至因测定误差而可能出现负值的结果，但是此时对洞口内外的污染传播确实实现了隔离。

3. 缓冲隔离

缓冲隔离是利用屏障隔离、压差隔离以至于气流缓冲稀释的综合隔离形式，通过缓冲室实现。过去人们是根据自觉和经

验来采用它们，而它的物理概念、作用原理以及形式将在本指
南以后相关章节中给予详尽的论述。

2.3　负压隔离

负压隔离是气流隔离的一种。通过在两个相邻相通区域
（房间）之间建立空气的梯度压差，使这一压差由防止污染一侧
向污染一侧降低，从而防止由于某种因素的带动使污染通过区
域（房间）间的缝隙由污染一侧进入防止污染一侧。

一般应把要隔离的低压侧设于平面的尽头或中心，如图 2-7
所示。

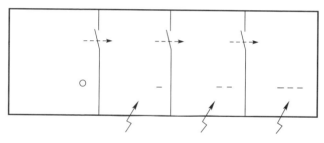

图 2-7　平面上的梯度压差

图中"○"号表示为常压，"—"表示对"○"区域的负压
程度，"— —"或"— — —"依次负压程度更大，表示：有组
织进入的空气（送风）≤有组织排出的空气（回风或排风），本
质上都是进（风）少，出（风）多，对与室外环境相通的缝隙
都具有吸入作用，即防止渗出。

2.4　动态的二次隔离（简称动态隔离）

通过上文分析，可知造成大飞沫和气溶胶（包括飞沫和飞
沫核）可能传播的环境因素如下：

（1）空间相对窄小并且封闭，使得传染性微粒越聚越多。

（2）人员密度太大，人际距离太近。

（3）局部或全面通风量不足，使得传染性微粒得不到稀释，达到了足以传染致病的浓度（所谓感染剂量）。

（4）有传染性微粒的空气再循环，增加了感染的概率。

（5）在压差作用下传染性微粒通过缝隙由一侧向另一侧渗透，或者在气流带动下，由一端向另一端转移，提供了增加浓度的机会。因此，正如美国CDC在1994年发布的《卫生保健设施中防止结核分枝杆菌传播指南》中指出的：一切控制气溶胶和飞沫传播的目的，都在于防止传播或降低传染性气溶胶和飞沫的浓度。

所以，为了防止病房内含菌空气泄漏和排至病房之外的邻室或环境，也为了进一步保护进入病房的医护人员或病房内其他病人（非单人病房），即使带了口罩也因室内菌浓度高而吸入可致病的剂量，就要通过负压隔离病房及其净化空调系统、缓冲设施等稀释、降低室内菌浓，实现二次隔离。二次隔离应尽可能着眼于动态控制，即动态下的隔离，即在开关门、人进出、床边诊治、室内走动的动态情况下，最大限度地降低室内流动的、操作医生身边的、门开关和人走动时外泄的含菌（病毒）微粒浓度，防止其传播到更远。所谓要高负压、全新风、联锁密封门的静态隔离做法，是一种不完整的认识。

第3章 平　　面

3.1 位　　置

1. 负压隔离病房应独立成区

在院区中隔离病房及其辅助用房如能独立设置最好，否则也应尽量置于建筑的一端或一侧，或占有一层，自成一区。

2. 在院内的位置

负压隔离病区应处于院区内全年最多风向的下风向，或两个接近最多风向中风频最小的风向的上风向。隔离病房排风口与周边建筑特别是宿舍和公共建筑的进风口、门窗的距离至少应在20m以上。关于20m的距离，最早是由科研成果得出，为国家标准《生物安全实验室建筑技术规范》GB 50346—2011所采纳，是针对生物安全实验室的排风危险性的，就产生高致病性微生物来说，从排风安全角度来说，隔离病房不应例外。所以北京市地方标准《负压隔离病房建设配置基本要求》DB 11/663—2009中也提出这一要求。这一规定现在已被广泛采纳。

3.2 分　　流

（1）负压隔离病区出入口应独立设置，应有门禁设施。

（2）大病区：大病区（院）出入口宜有3处或3处以上，即：1）医务人员、出院者与探视者以及清洁物品（食物、药品等）；2）污染物品（尸体、垃圾等）；3）患者。

（3）小病区：小病区（院）可将上述2）、3）两项合并。

国家标准《传染病医院建筑设计规范》GB 50849—2014规

定出入口不少于2个。

3.3 分 区

（1）负压隔离病区按建筑防控措施宜分为：

防控区——负压隔离病房及病房内卫生间和缓冲间。这是产生和传播疾病气溶胶的主要场所，应采用防控措施尽快排除这些气溶胶，以保护患者、医护人员和外部环境。

辅助防控区——为防控区进行辅助医疗活动的区域，含走廊、冲洗消毒更衣室、检验室、治疗室、值班室、护士站、由室外或普通工作区进入的缓冲间等。

污物处理区——处理患者接触过或废弃的物品、食物、排泄物及卫生洁具的区域。

普通工作区——是负压隔离病区的前置区域，是除防控区、辅助防控区和污物处理区之外且无患者接触的医护人员活动区域，如入口前室、医护人员卫生通过、配餐、库房等。

（2）需要说明的是：

1）对于负压隔离病区，日常习惯分区与上述分区对应的是：

污染区——防控区、污物处理区；

半污染区——辅助防控区；

清洁区——普通工作区。

2）诸多标准中关于这方面的分区名称有很多，如污染区、半污染区、潜在污染区、高风险区、清洁区、半清洁区等，难以量化。

（3）本书从建筑防控措施角度来划分。所以负压隔离病房应是要用建筑防控措施"防控"的区域。医护人员习惯怎么称呼都可以，但作为建筑设计者，不能把病房当作污染区设计，而应当作防控区设计防控设施。

国家标准《生物安全实验室建筑技术规范》GB 50346—2011 就把最可能发生危险的主实验室划归"防护区"，只有在发生生物气溶胶溢出的事故时，室内将成为污染的区域，正因为如此，设计者才应对主实验室进行防护控制设计，使其成为受防护（控）的区域，最大限度地避免污染。

现行国家标准《医院消毒卫生标准》GB 15982—2012 规定感染性疾病科门诊和病区的空气菌落数和该标准的"母婴同室、普通住院病区、消毒供应中心的检查包装灭菌区"相同，说明它和处理污物的"污染区"不是一个档次。只有当医护人员对患者进行某些可能导致产生气溶胶的操作时，对医护人员是有危险的，但病房内的通风净化空调设施应保证能尽快清除污染，保证患者不能一直住在污染的区域里。对负压隔离病区也应有这样的认识：负压隔离病房也是要达到一定清洁卫生水平的。当然，为防止突发事故，医护人员还应有严格的个人防护。

（4）负压隔离病区的普通工作区（所谓清洁区）与辅助防控区（所谓半污染区）之间、辅助防控区与防控区（所谓污染区）之间均应设缓冲间。

第4章 用 房

4.1 病 房

（1）隔离病房分单人间和多人间，北京市地方标准《负压隔离病房建设配置基本要求》DB 11/663—2009 和"技术标准报批稿"均规定多人间不宜超过 3 人（类似于方舱医院模式除外），而德国和美国则规定每间病房最多能住 2 人，改建的最多住 4 人。这和"方舱医院"不能相提并论。

（2）负压隔离病房是针对医院中比较容易直接或间接经空气在人与人之间传播、甚至已宣布消灭的微生物经空气传播的疾病或疑似空气传播疾病患者的，但不能排除某些医院的特殊需求和传染病定点收治医院有收治患特别严重甚至在我国尚未发现的空气传播疾病的患者即危重症（高危）患者的任务，这类患者的病房可称为危重症（高危）隔离病房。

应设一定数量的危重症（高危）负压隔离病房。危重症（高危）病房宜处于病房区最外侧，可在走廊上设自动隔离门。该类病房与疑似患者病房应为单人间。

（3）在医务界有一个术语"床单元使用面积"，在行业标准《病区医院感染管理规范》WS/T 510—2016 中这样定义床单元："一般包括病床及其床上用品、床头柜、床边治疗带等"，在《重症监护病房医院感染预防与控制规范》WS/T 509—2016 中规定该类病房"床单元使用面积不少于 15m^2"。在"技术标准报批稿"中也规定单人病房（不含卫生间、缓冲间）床单元使用面积为 15m^2。对于多人病房，"技术标准报批稿"规定床间距不应小于 1.5m。从现在的使用情况看，是需要大些的床间距。当床头离墙布置时，离墙距离不少于 0.6m，单人抢救病房床头必须离墙，因为抢救时床头要放仪器和设备。

国外的有关规定是：荷兰医院规定床宽为 1m，床距至少 1.5m；而美国标准提出床距为 2.24m。

总之，病房应有足够的空间以放置床边 X 光机、呼吸机、多功能监护仪等设备，因此面积和这些距离都比普通病房要大。

病房净高不宜小于 2.8m。

（4）每间负压隔离病房内应设卫生间（可含淋浴），卫生间内应设卫生洁具清洁消毒设施（见 11.1 节）。卫生间地面应平整，与病房之间无台阶。由于病人体弱或行动不便，坐便器旁应设输液挂钩、安全抓手和报警按钮。如有淋浴，宜有固定座凳。

4.2　辅　　房

（1）普通工作区（清洁区）前应有医护人员的"卫生通过"用房，包括卫生间、换鞋、淋浴、更衣等。

（2）医护人员由普通工作区（清洁区）进入辅助工作区（内走廊，所谓半污染区）应经过缓冲间，此缓冲间可兼作更防护服用，或者在其前另设更防护服间。

（3）患者由外面进入病区走廊应经过缓冲间。

（4）检验样本如没有生物安全转运条件，应在病区内独立设置检验室。

（5）在病区内应设有可对患者转运工具、车辆消毒的场所。

（6）应根据需求合理配置辅房，可参考本书表 8-1。

4.3　门　　窗

（1）病房应有外窗或开向有外窗走廊的内窗，宜有良好朝向。因为医院平面复杂，不可能都要求窗户朝阳，但必须有窗，尽可能符合当地习俗，有较好的朝向。

（2）负压隔离病房如有外窗，应为双层玻璃的 6 级密闭窗，并有外遮阳。6 级密闭窗的漏风量应符合现行国家标准《建筑外门窗气密、水密、抗风压性能分级及检测方法》GB/T 7106—2008 的规定，如表 4-1 所示。

6 级密闭窗的漏风量（内外压差为 10Pa 时）　　　表 4-1

单位缝长漏风量 q_1 $[m^3/(m \cdot h)]$	$1.5 \geqslant q_1 > 1.0$
单位面积漏风量 q_2 $[m^3/(m^2 \cdot h)]$	$4.5 \geqslant q_2 > 3.0$

（3）负压隔离病房平时不应开窗，必要时由专人开窗。

（4）负压隔离病房不应在室内设窗帘，因为拉动窗帘能产生大量气溶胶。可设在两层玻璃之间，或有走廊时，设在走廊侧。也可以不设窗帘而改用电子雾化玻璃，开关设在窗外。

（5）隔离病房与缓冲间墙上宜有传递窗。传递窗宜为可消毒型两门联锁传递窗。

（6）病房与其缓冲间的门在平面尺寸允许时宜为手动推拉门（上吊式），缓冲间对外的门可为平开门或感应式移动门。门上应有观察窗。两门不应联锁，规定此门未关，彼门不能开。

（7）除普通工作区外，门均应为非木质门，均不应采用密闭门。

（8）缓冲间与病房间的门下边留有 10mm 的缝，在国外标准中称其为"设计漏泄"缝隙，以防开关门时，造成室内外压差大波动。

（9）凡自动开关门应有断电即开功能。

4.4　走　　廊

（1）根据任务和定点收治的需求或者医院的规模，可设双走廊即病房的前后走廊。后走廊（即外走廊）进出患者，前走廊（即内走廊）进出医护人员。

（2）设有危重症（高危）隔离病房的病区，因医护人员工作完了以后防护服已被污染，不能穿着走出来，要先到专用消毒冲洗间冲洗、消毒、更换。要从病房后门经一段后走廊去冲洗间。也可能只需设一段后走廊。

（3）规模小、级别低的医院和非传染病医院的负压隔离病区，可设进入病房的单走廊。在治疗期间，患者基本不出病房。入住患者只需短暂时间和医护人员分别从走廊两端通过缓冲间进入。当然有条件时也可全部或部分设双走廊。

（4）患者经过走廊进出病房的时间是很短暂的，远低于医护人员在病房中与其接触的时间，因为治疗活动基本都在病房内进行，患者只在住院、出院时瞬时通过走廊，住院时一般不会再允许出病房。所谓洁污绝对分开是不容易做到的，所以国家标准《传染病医院建筑设计规范》GB 50849—2014 也只提洁污人流、物流"相对"分开。考察美、德、日、俄等国标准，皆未突出指出走廊问题。

当然，出现此次新冠病毒大流行的非常情况，改造或临时建设的负压隔离病区采用双走廊是必要的。

4.5 缓 冲 间

（1）最早提出有缓冲作用的小室叫作气闸室（也有译成气锁），是美国空军技术条令 T. O. 00-25-203 提出的："气闸室是位于洁净室入口处的小室。气闸室的几个门，在同一时间内只能打开一个。这样做的目的是为了防止外部受污染的空气流入洁净室内，从而起到'气密'作用。"

所以日本文献把这种气闸室也译成前室，是预备室的意思。英国标准也提出"气闸室可作为前室使用"。

根据动态隔离理论，国内有关标准认为缓冲间（也称作缓冲室）应有洁净送风，有压差要求。"技术标准报批稿"对医院患者用的缓冲间的定义是：在相邻相通环境之间，有空气净化、压差、换气次数要求的净高不低于 2.1m 的小室。供患者通过的缓冲间应至少能容纳 2 位医护人员和 1 张病床同时进入。

（2）走廊→缓冲间→病房，可称为三室一缓。

普通工作区（清洁区）或患者入口→缓冲间→走廊→缓冲间→病房，可称为五室两缓。

（3）病房内污染浓度和经过缓冲间后的缓冲间外浓度之比称为隔离系数，则三室一缓理论计算和细菌实验的结果对比如表 4-2 所示。

隔离系数（三室一缓）			表 4-2
微生物学实验	压差	理论值	实验值
枯草杆菌黑色变种芽孢	0Pa	17.6	17.9
	5Pa	18.5	20.04

实验表明，在无缓冲间时，把负压差从 0Pa 提高到 －5Pa，隔离效果增加不足 1 倍，提高到 －30Pa，隔离效果仅提高 1 倍多，图 4-1 是国内的实验结果，图 4-2 是日本的实验结果，完全说明这一点。

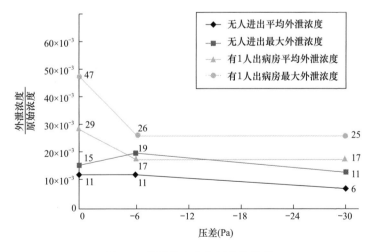

图 4-1 外泄浓度比和压差的关系

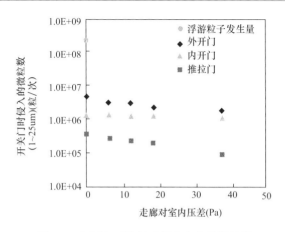

图 4-2　负压室开关门时侵入室内的微粒数

　　根据国内研究结果，没有缓冲间，即使压差达到－30Pa，隔离效果增加仅 1～2 倍；加一间缓冲间，在－5Pa 时，隔离效果要提高近 20 倍。所以以仅靠压差来换隔离效果是不合算的，采用－5Pa 加缓冲间比没有缓冲间但提高到－30Pa 要容易得多，节省得多，且隔离效果好得多。

　　（4）据理论计算，无送风缓冲间的隔离效果比有送风时降低 2/3，所以缓冲间应有送洁净风的措施，否则只是气闸室。

　　（5）病房门口的缓冲间最重要。要用高效过滤器送风。通常缓冲间一边关好门后，约 0.1～0.5min 滞后开启了另一边的门，从被从病房带入缓冲间的污染被自净的效果看，6 次换气 0.5min，则内部污染气溶胶仅被去除约 8%；60 次换气 0.5min 约去除 40%，但由于缓冲间体积很小，一般不足 10m³，所以若用 120h⁻¹ 换气要 1200m³/h，小机组达不到；60h⁻¹ 换气则要 500m³/h 左右的风量，是一般小机组能达到的，虽然 30h⁻¹ 风量更小，只有不足 300m³/h，但效果较差，因此研究成果以及北京市地方标准和"技术标准报批稿"都建议用 60h⁻¹ 换气。

第 5 章 压 差

5.1 作 用

（1）压差的物理意义：当室内门窗全部关闭时，室内外压差是空气通过关闭的门窗的缝隙和其他裂隙从高压一端流向低压一端的阻力，如图 5-1 所示。

压差是实现静态隔离的主要措施，室内正压抵挡外部空气从缝隙对室内的入侵，如图 5-2 所示。负压防止传染性空气从缝隙由病房内渗至室外，如图 5-3 所示。

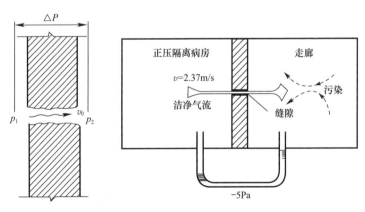

图 5-1 压差的物理意义　　　图 5-2 正压抵挡入侵

以上压差的作用仅在隔离病房与邻室相通的洞口全部关闭的情况下，在防止缝隙渗透上表现出来。

（2）一旦门打开后，压差瞬时消失，如图 5-4 所示。

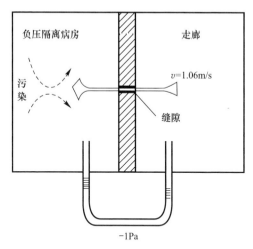

图 5-3　负压防止外渗

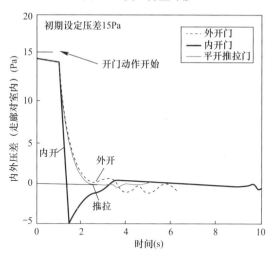

图 5-4　开门时压差随时间的变化

从图 5-4 可见，还出现了短时间的反向压差，加之开门动作和人走动带动的气流交换，所以前一章说明压差隔离污染的作用是有条件的，即在关门条件下。因而在开门、走动时隔离系数很小，就是这个原因。

5.2 规　　定

相关标准规范以及"技术标准报批稿"对相邻相通房间之间有压差要求的，采用的标准压差绝对值是大于或等于5Pa，为避免对人耳的影响上限为20Pa。ISO 14644 规定的上限也为20Pa。有的地方只要求定向流，不提最小压差要求。在北京市地方标准《负压隔离病房建设配置基本要求》DB 11/663—2009中即有如此规定。在美国标准 ASHRAE 170—2008 中尚无此说明，而在该标准 2013 版中加了如下说明："如厕所和前室（如果存在）直接与空气传染隔离病房相通，并直接开门进入空气传染隔离病房，无需维持与空气传染隔离病房最小的设计压差"。说明对此问题的共识中国标准早于美国标准，且更明确了气流定向，对防止气味外逸也是有利的。

5.3 计　　算

（1）对于像门缝、窗框缝、板壁缝这样的通道不复杂且较平整的缝，因压差由缝隙透过的气流速度可由下式计算：

$$v = \varphi \sqrt{\frac{2\Delta P_1}{\rho}} \qquad (5\text{-}1)$$

式中　φ——速度系数，理论值为 0.82，据实测分析，缝的 φ 很小，设取 0.6。

缝隙漏风量由下式计算：

$$Q = 3600 \mu F \sqrt{\frac{2\Delta P_1}{\rho}} \qquad (\text{m}^3/\text{h}) \qquad (5\text{-}2)$$

式中　μ——流量系数，一般取 0.3～0.5，所以建议取 $\mu=0.4$；

　　　F——缝隙面积（m^2）；

　　ΔP_1——压差，取 5Pa；

　　　ρ——空气密度，取 1.2kg/m^3。

设只考虑病房与缓冲间的门缝和窗缝，不考虑墙壁的缝（彩钢板结构除外），设门高 2m，宽 1m，非密闭门门缝缝宽一般按 0.005m，3 面缝长为 2+2+1=5m。门下留有 10mm 缝，所以缝的总面积是 $5×0.005+1×0.01=0.025+0.01=0.035m^2$。

所以门缝漏风量 $Q_1 = 3600 × 0.4 × 0.035 × \sqrt{\dfrac{2×5}{1.2}} = 121.2m^3/h$。

6 级密封窗设边长 5m，每小时每米漏风量由 4.3 节已知为 $1.5m^3$，所以其漏风量 $Q_2=5×1.5=7.5m^3$。

则总漏风量 $Q=Q_1+Q_2=121.2+7.5=128.7m^3/h$。

（2）上面计算所得 $128.7m^3/h$ 的风量仅是理论上的，由于风机和定风量阀的风量都有偏差，例如常用的与压力无关的妥思阀，偏差为 $±10\%$，文丘里阀偏差为 $±5\%$。由于房间面积不大，如很密封，则极小的风量变化就会影响到病房的压力波动。

对于负压病房最不利的情况是送风机或其定风量阀出现正偏差，即实际送风量大了；排风机或其定风量阀出现负偏差，即实际风量小于设计或设定风量。显然这种情况下负压排风量不够，负压达不到要求。

所以，压差排风量 Q 不仅应考虑漏风量，还应考虑风机、调节阀风量正负偏差绝对值之和。

若以文丘里阀为准，忽略风机风量的偏差，则压差排风量至少要增加 $2×5\%=10\%$，即应有 $Q=128.7×1.1=141.6m^3/h$，可取 $140m^3/h$。如是彩钢板墙壁，据计算，应再增加约 $10m^3/h$ 排风量；即取排风量为 $150m^3/h$。

如果房间只有和上例相仿大小的门、窗，则排风量一般和房间大小无关，和上述负压排风量基本相当。

（3）美国 CDC 1994 年版《卫生保健设施中防止肺结核分枝杆菌感染传播指南》规定隔离病房只要 0.25Pa 负压差，2006 年国内研究提出 0.22Pa 压差即可维持缝隙处 0.5m/s 的风速，可以抵挡一般的渗漏。当然这是难以检测和控制的。后来美国几个标准，如 CDC 的《医疗卫生设施环境感染控制准则》、ASHRAE 170 标准等将上述压差提高到 2.5Pa，这在检测和控制上仍属不易，对一间 24m² 的实验室，风量改变仅 5～10m³/h，压力变化可达 1Pa。上述 CDC 指南也指出，因压差太小，也可以用房间排风量来衡量房间负压差，即当排风量不小于 85m³/h 时认为负压就可以满足要求。如果按上面算例，当压差由 5Pa 改为 2.5Pa 时，漏泄风量（未计有关偏差）是 85.7m³/h，与其 85m³/h 的结论吻合。

（4）如果建议用 120m³/h，也低于考虑有关偏差的风量，不够安全，何况还要设更低的警示标识。以上算出的 140m³/h 是对全新风全排风得出的，如果是循环风，则排风量还要加上新风量。

5.4 显　示

（1）新风机组和空调机组中各级空气过滤器应设压差计。压差计的报警压力应为初运行调试时初阻力的 2～3 倍。

（2）各类用房室内安过滤器的送风口、回风口或排风口，每类风口至少有 1 个风口应安装压差开关，报警压力应为初运行时初阻力的 2～3 倍，低阻或超低阻过滤器采用大倍数。

（3）各室门外目测高度应安装压差计，由于医护人员对压差不一定熟悉，所以强调压差计上应有压差降到标准值 80% 时的警示标识（如粘贴提示线等）。

（4）如设集中控制室，各室压差应能有显示、报警功能。

第6章 气 流

6.1 原 则

1. 定向流

第一个基本原则是送、排（回）风口位置应有利于实现定向流。

定向流和空气洁净技术中的单向流是不同的概念，最初曾被混淆。单向流的核心是流向单一、流线（比较）平行、流速（比较）均匀，而定向流的含义是气流方向总趋势一定，只能是由清洁→较清洁→潜在污染→污染的既定方向，而流线不要求平行，流速不要求均匀，图6-1所示的气流即为定向流。

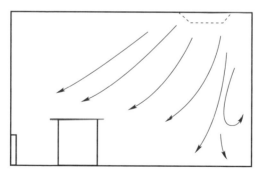

图6-1 定向流模式

由此可见，在定向流时可以有局部涡流，但从清洁区（送风口下方附近）到污染区（操作台、病床）的气流总趋势是一既定方向。

在控制微生物污染的传染病房中，美国疾病预防和控制中心（CDC）《保健设施中防止肺结核分枝杆菌感染传播指南》（1994 年版）（以下简称《指南》）对形成定向气流有明确说明：全面通风系统经设计和平衡应使空气从较少污染的区域（或较为清洁的区域）流向较多污染的区域（或较不清洁的区域）。例如，空气流向应从走廊（较清洁区域）流入肺结核隔离病房（不清洁的区域），以防止污染物传播到其他区域……通过在希望气流流入的区域产生较低（负）压力控制气流流向。

所以，在定向气流原则下，一般都采用单侧排（回）风。

上述 CDC 的《指南》就这一点谈到气流组织时是这样说的：为了提供最佳的气流组织方式，送、排风口的定位应使清洁空气首先流向房间中医护人员可能的工作区域，然后流向传染源再进入排风口，这样医护人员就会处于传染源和排风口之间，尽管这种配置并非总有实现的可能。《指南》的这一愿景，在"动态隔离理论"指导下实现了。

美国 ASHRAE 手册早在 1991 年版中就指出定向气流要先经过医护人员呼吸区的必要性：一般情况下，我们建议，敏感的超净区域和高污染区域送风的送风口应安装在顶棚上，排风口安装在地板附近，这就使得洁净空气通过呼吸区和工作区向下流动到污染的地板区域排出。

根据这一国内外一致的原则，国内外有关标准也都规定不应使用局部净化设备干扰室内的定向流。

2. 无上下游之分

第二个基本原则是送、排（回）风口位置对 1 个以上病人不出现病人分居气流上、下游的现象。这是防止交叉感染的重要原则。例如两张并列排放的病床，送风口在左床左边，排风口在右床右边，虽然形成定向气流，但右床成为左床的下游。图 6-2 所示是曾因此种气流而发生下游感染的实例。

这一感染实例是，时处 4 月底，室外天气温和，室内窗户被打开，由于厕所有排风管，即使未开通风机，风管也处于负压状态，所以由窗户进来的风经过气管切开过的病人，流经其左面的病人，再流向卫生间。其左面的外科术后病人出院后即出现上呼吸道感染症状达一周之久说不出话来，经治疗后才好转。

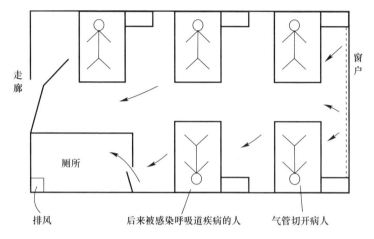

图 6-2 处于下风向而被感染的病床布置实测

3. 有利于保护医护人员

医护人员在患者床边操作特别是作气管切开、吸痰、取样等操作时，最易吸入或沾染患者飞沫、气溶胶，除去医护人员自身的各种防范措施外，气流的设计也应能有助于阻挡、稀释医护人员身边的气溶胶。

4. 足够的稀释性

病毒气溶胶感染人，需要一定的剂量，虽然医护人员、患者都戴有口罩，但是降低室内整体气溶胶浓度仍是必要的，而不是使室内一直处在污染水平，这就需要一定的换气次数。

5. 没有吹风感

患者不比正常人，其对吹风感很敏感，而且一旦遭受吹风有吹风感，特别是面部吹风感，不仅不舒服且可能引发感冒。

通常舒适性空调要求人的面部风速应小于 0.12m/s。根据计算，如果希望病人的吹风不满意率不大于5%，则面部风速不大于0.1m/s。"技术标准报批稿"取面部风速不应大于0.12m/s。表6-1是实测数据。

风口风速和面部风速的关系   表 6-1

换气次数（h^{-1}）	送风口数量（个）	送风口速度（m/s）	0.8m 高度风速（m/s）
10	1	0.5	0.11
10	2	0.5	0.055
15	2	0.75	0.095
25	3	0.40	0.109
25	4	0.40	0.073

可见送风速度（风口不在人面部正上方）不大于0.5m/s时，床上患者面部（可比0.8m略高）风速可不大于0.12m/s甚至0.1m/s。这些就是设计风口、风量的依据。

6.2 风　　口

1. 美国 CDC 推荐的模式

"非典"期间，被引用或模仿最多的是1994年美国疾病预防控制中心（CDC）的《指南》所推荐的单独房间的三种模式：

（1）高效过滤器安装在房间回风口，使回风经过过滤器再送回室内，如图6-3所示。在病房上方形成较强掺混气流，使带菌液滴大量向室内扩散。这种模式全室通风效率差；病人面部吹风感强。

（2）高效过滤器安装在墙上或顶棚上形成室内自循环系统，将过滤后的空气循环使用，如图6-4所示。这种模式在病房上方形成上升气流，使病人呼出的带菌液滴向病床上方大量扩散；全室通风效率最差。

（3）高效过滤器安装在过滤机组内，如图6-5所示。这种模式床头上方排风口风速在1～2m/s时能改善排污效果，但此时病人面部风速达 0.5m/s，有较强的吹风感。

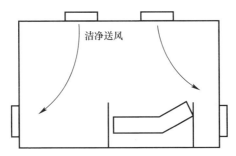

图 6-3 美国 CDC 推荐气流组织之一

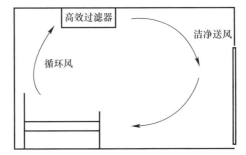

图 6-4 美国 CDC 推荐气流组织之二

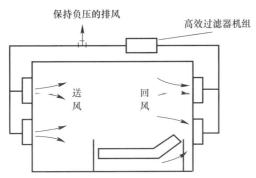

图 6-5 美国 CDC 推荐气流组织之三

2. 中国建筑科学研究院原空调所模式

（1）模拟实验

SARS 之后，中国建筑科学研究院原空调所净化室进行了模拟实验研究。模拟病房如图 6-6 所示，口部模拟发菌实物图如图 6-7 所示。

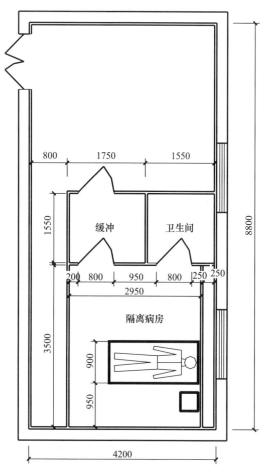

图 6-6　模拟隔离病房平面图（单位：mm）

注：图中卫生间并未真的作卫生间进行实验，无送、
　　排风。若为真卫生间，其门应向病房开启。

（2）单床双送风口

为了有利于保护医护人员，美国 CDC 的《指南》仅提到清

洁气流应流经医护人员可能工作的区域。不只是 CDC 如此强调，相关文献也都这么提到。但是他们没有注意到这样一个事实：如果清洁气流从人的身后吹来，人的正面呼吸区可能是负压区，不但对人无保护作用，反而有害，如图 6-8 所示。

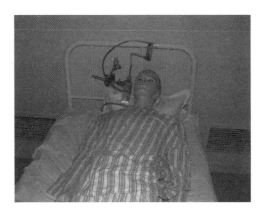

图 6-7　口部模拟发菌

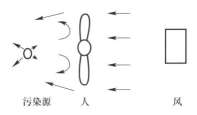

污染源　　　人　　　　　　　风

图 6-8　人正面有可能成为负压区

如果在医护人员常站的病床边顶棚上设送风口，医护人员就处于送风口气流的主流区内，不仅区内浓度比室平均浓度低1/3，而且来自病人的向上的污染气流也会受到主流区向下气流的抵消，降低了医护人员的危险，如图 6-9 所示。

如果再在床尾设一送风口，将总风量的 1/3 由此风口送出，则将对病人呼吸、喷嚏发出的污染物挡回到回（排）风口处排出，则室平均浓度将降低，使活动在室内的医护人员也得到了保护。双送风口如图 6-10 所示。

 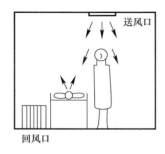

图 6-9　床边医护人员处于送风口主流区保护之下

图 6-10　双送风口

　　这个方案就是使洁净风从病床敞开的三面中的两面"包围病床,使患者发出的有菌空气集中向另一方面排风口流去。实验证明该方案使沉降于室内各处的菌落数对应降低到其他方案的 1/10～1/3。"

　　(3) 多床双送风口

　　多床时双送风口设置可参考图 6-11～图 6-13。

　　(4) 被"技术标准报批稿"根据上述研究成果采纳的风口布置。

　　1) 负压隔离病房送风口宜如图 6-14 所示设置符合下列要求的主送风口和次送风口。当不具备条件时,也可只在床尾设送风口,按所需换气次数加大宽度。

　　① 主、次送风口面积比宜为 2：1～3：1。

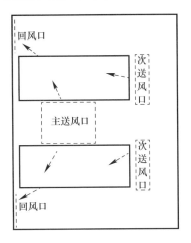

图 6-11　双人病房风口之一

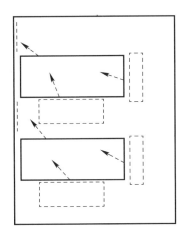

图 6-12　双人病房风口之二

② 主送风口应设于病床边医护人员常规站位上方的顶棚，离床头距离不应大于 0.5m，长度不宜小于 0.9m，宽度不宜小于 0.4m；次送风口设于床尾顶棚，离床尾距离不应大于 0.3m，长度不宜小于 0.9m，宽度不宜小于 0.2m。

③ 主送风口风速不宜大于 0.3m/s。

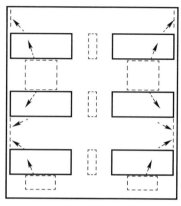

图 6-13　多人病房风口

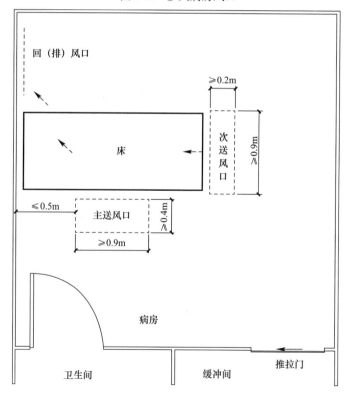

图 6-14　风口位置

④ 送风口不应采用孔板或固定百叶的形式，应采用单层或双层可调百叶，在有关国外标准中也有如此建议。因为患者万一仍感到有吹风感，可适当调整百叶方向。

2）负压隔离病房排、回风口应如图 6-14 所示设在主送风口对侧的床头下方，并应符合下列要求：

① 排（回）风口上边沿应不高于地面 0.6m，下边沿应高于地面 0.1m。

② 排（回）风口吸风速度不应大于 1m/s。

第7章 系 统

7.1 医院普通集中空调系统

（1）普通集中空调系统一般只在新风上设粗效过滤器，在回风口上有的只有滤网、百叶，送风口无过滤器。大量微粒从新风口和回风口进入系统，特别是回风口，因室内回风远比新风要脏，当有生命微粒在表冷器翅片、管壁上沉积下来后，因为这些地方有凝水，又有微粒带的养料，所以将得到繁殖。

表7-1是实测结果，表明普通空调系统还是一个污染源。

测试和清洗的空调通风系统的污染情况　　　　表7-1

通风系统		1	2	3	4	5
送风管底面积尘量		5.66	26.53	8.83	7.96	—
回风管底面积尘量		35.38	—	—	19.44	—
送风管底面含菌量	细菌	10^5	3×10^5	4×10^4	0	—
	真菌	0	2×10^4	4×10^4	5×10^4	—
回风管底面含菌量	细菌	1.2×10^4	—	—	6.5×10^5	—
	真菌	3×10^3	—	—	8.5×10^5	—
盘管表面含菌量	细菌	5×10^6	5×10^6	1.4×10^6	1.25×10^8	4×10^4
	真菌	10^4	2.2×10^5	2.6×10^5	2.5×10^6	1.6×10^5
过滤器表面含菌量	细菌	2.4×10^5	8×10^6	—	—	3.4×10^5
	真菌	2×10^4	1.3×10^5	—	—	4×10^4
箱体内表面含菌量	细菌	—	9×10^5	—	—	—
	真菌	—	3×10^4	—	—	—

注：据同济大学测量报告，积尘量单位为 g/m^2，含菌量单位为个$/m^2$。

显然，空调通风系统的污染程度极其严重，明显高于容许标准的几倍甚至几十倍。这将直接影响室内空气品质，威胁室内人员健康。

（2）消除空调系统的污染，对于医院有重要意义。国家标准《综合医院建筑设计规范》GB 51039—2014 根据当时卫生主管部门的有关规定，对医院建筑的新、回风口过滤器提出了具体要求，如表 7-2 所示。这样就好比给系统戴了一个效率不错的"口罩"。

新风过滤器和各室回风口过滤器配备要求　　表 7-2

新风	PM10 年平均浓度（mg/m³）		过滤器
	≤0.07		粗效＋中效
	>0.07		粗效＋中效＋高中效
各室回风口（含系统和风机盘管）	初阻力（Pa）	≤50	相当于高中效
	微生物一次通过率（%）	≤10	
	颗粒物一次计重通过率（%）	≤5	

所以医院普通集中空调比一般公共建筑的普通集中空调在防止空气污染方面有明确的高要求，但这一点似乎还未引起医院建设方的足够重视，采用此措施的建筑似乎很少。

7.2　净化空调系统

1. 概念

医院普通集中空调系统已经对新风和回风提出了具体要求，但由于室内还要产尘产菌，所以送风口也需要安装空气过滤器。《综合医院建筑设计规范》GB 51039—2014 和"技术标准报批稿"中都对净化空调系统给出术语说明，即：在新风口、送风口和回风口以及空调机组正压出风面均设具有一定效率的阻隔式过滤器，以控制室内尘菌污染的空气调节系统。新风口、回风口过滤器规格见表 7-2，隔离病房送风口设≥0.5μm 效率≥70% 的高中效过滤（高中效过滤器起步要求），和国外标准要求相同。简而言之，净化空调＝空调＋净化。（温湿度的调节＋新风)+(阻隔式过滤除尘和除菌)+(气流组织和稀释+压力梯度)。

"技术标准报批稿"规定：负压隔离病区的防控区（即所谓污染区）和辅助防控区（即所谓半污染区）应采用净化空调系统。

2. 国外标准规定

在迄今为止的国外医院标准中，都是把净化空调系统作为防控环境污染不可替代的手段，如表7-3所示。

国外标准情况 　　　　　　　　　　　　　　　　表7-3

国家	标准名	除空气洁净技术和系统外是否还采用别的手段
美国	ANSI/ASHRAE/ASHE170-2008 Ventilation of Health Care Facilities （《医疗护理设施的通风》）	无
美国	VA Surgical Service Deign Guide （《退伍军人医院标准手术部设计指南》）2005	无
德国	DIN1946-4 Raumlufttechnik-Teil4：Raumlufttechnische Anlagen in Gebäuden und Räumen des Gesundheitswesens （《医疗护理设施建筑和用房的通风空调》）2008	无
日本	「病院空調設　の設計・管理指針」（HEAS-02-2004）（《医院空调设备设计与管理指南》）	无
俄罗斯	ЛГОСТ Р52539-2006 НАЦИОНА. ЛЬНЫЙ СТАНД АРТ РОССИЙС-КОЙ ФЕДЕРАЦИИ，ЧИСТОТА ВОЗДУХА В ЛЕЧЕЬНЫХУЧРЕЖДЕНИЯХ，Общне требования （《医院中空气洁净度一般要求》）	无
法国	NFS90-351-2003Établissement de santé，Salles propres et environnements maitrisés apparentés （《医疗护理设施洁净室及相关受控环境悬浮污染物控制要求》）	无
瑞士	SWKI 99-3：Heating，ventilation and air-conditioning system in hospitals 2005 （《医院暖通空调系统》）	无

国家	标准名	除空气洁净技术和系统外是否还采用别的手段
瑞典	SIS-TR 39 Vagledning och grundläggande krav för mikrobiologisk renhet i operationsrum（《手术室生物净化基本要求和指南》）	无
西班牙	AENOR UNE 100713-2003-Instalacion de Acondicionamiento de Aire en Hospitale（《医院空调》）	无
巴西	NBR 7256：Tratamento de Ar em Unidades Médico-assistenciais. 2011（《医疗护理设施空气处理》）	无
英国	UK Department of Health and Social Services，Engineering Data：Vetilation of Operating Departments，A Design Guide（《卫生与社会服务部，工程资料：手术室部通风，设计指南》） UK Department of Health and Social Services，Health Technical Memorandum 2025，Ventilation in Healthcare Premises（《卫生与社会服务部，卫生技术备忘录2025，医疗护理场所的通风》）	无

7.3 隔离病房净化空调系统

（1）隔离病房能否用空调，在我国"非典"暴发初期，曾有过否定意见。当时出于应急考虑，曾强调所有区域必须具备通风条件，所有区域严禁使用中央（即集中）空调，可安装简易负压病房排风机组。

这样的规定作为一种临时措施可以理解，但在当年 SARS 时期，南方地区湿度极大的梅雨季节和炎热的夏季，医院单靠自然通风无法避免室内病原微生物滋长，仍有可能产生微生物污染。如室内温湿度很高，病人发热出汗，会增大发菌量；医护人员身穿隔离服、防护服、戴口罩与眼镜，没工作多久就汗流浃背，甚至出现热病。特别是SARS隔离病房，如不及时解决空调及环境控制问题，医护人员工作环境更加恶劣，严重影响医护人员的身心健康。在这次新冠肺炎暴发的冬季，情况相反：袒胸露背治疗的病人容易感冒，"为减少交叉感染，中央空调不能打开，于是，整箱的暖宝宝、被子、油汀被送到病区……"，**❶** 这也是一般病房冬季温度国内外标准都要求达到24℃（允许波动一定范围）的原因。医护人员因穿防护服也不能穿很多衣服，不在病房时可能"冻手冻脚"，在病房操作时又可能闷热难当。

当年世界卫生组织驻中国代表处提出SARS病房不允许开窗通风，空调系统需连续运行，并在外窗或外墙上安装排风扇以保持室内负压。但后来又给出"控制导则"指出在空调系统没有独立送排风时，可关掉空调，开窗通风，但开窗不能通向公共场所。

当前许多指导性文章或文件都强调那些隔离病人的场所（不是标准的隔离病房）要关闭回风。由于这些场所回风没有合规的过滤器，甚至送风也如此，对于通过空调系统可以传播的疫情，这样规定是可以理解的。但是对这次大流行的疫情，空调系统传播没有明显证据，但本指南是要讨论各种情况下的防控，所以对上述问题仍要分析。如果关闭了回风，及靠原来很小部分的新风显然不能满足要求，加大新风到标准换气次数，设备容量如何解决？

本节和下一节将讨论这一问题。

（2）送风用全新风就要求全排风，过去没有高效过滤器时要求向室外高空高速（10m/s以上）排放，这样做的依据是排出的高速排风完全或极少影响要被吸入的新风，所以可全新风吸入。但是含有危险传染性疾病微生物排至室外正是对环境的

---

❶ 唐闻佳. 寒潮下的隔离留观病房，中央空调关闭，"扛冻靠抖"的医务人员把"温暖"送给更多患者. 文汇报，2020-02-16.

破坏而不是保护。何况现在高楼林立，高空应高到什么程度？后来要求经高效过滤器后全排放，其排气口还应高出屋面或平台地面 3m 以上，并有标识，所谓高空排放已不适应现代要求。以下讨论说明全排风的必要性不充分。

（3）表 7-4 是美国、日本和我国的标准认为负压隔离病房可以用循环风。

负压隔离病房用循环风图例 表 7-4

国别	名称	条文
美国	ASHE170-2013	7.2.1 空气传染隔离病房（A Ⅱ） b）空气传染隔离病房的空气应全部直接排放到室外。 例外：由标准病房改造为空气传染隔离病房，将室内出风直接排到室外的做法是不切实际的，只要出风首先通过 HEPA 过滤器即可室内再循环。
	CDC 的《卫生保健设施中防止结核分枝杆菌传播指南》(1999) Cuidelines for preventing the Transmission of Mycobacterium Tuberculosis in Tealth Care Facilities（1999）	 美国 CDC 推荐气流组织之二
	美国建筑师学会《医院与卫生保健设施的设计与建设指南》(2010) American Institute of Architects （AIA），Guidelines for Design and Construction of Hospital and Health Care Facilities（2010）	表 3 备注： 若空气传染隔离病房排风无法排放至室外，可采用循环风系统，但循环风须经高效空气过滤处理且只能返回隔离病房

续表

国别	名称	条文
日本	《医院设备设计与管理指南》HEAS-02-2013	8.3.5　传染病患者用隔离病房 (2) 室内循环风量的换气次数在 $12h^{-1}$ 以上。 ……隔离病房的空气流动形式如资料编图 10 所示 日本资料图（日本标准没有提到首先用全新风，而是直接给出上图） (3) 在病房内原则上不能使用风机盘管等室内循环装置。为了进一步提高室内的空气洁净度，可以用带有 HEPA 过滤器的风机循环系统
中国	《传染病医院建筑设计规范》GB 50849—2014	7.4.1　负压隔离病房宜采用全新风直流式空调系统。最小换气次数应为 $12h^{-1}$。 7.4.2　……排风应经过高效过滤器处理后排放

　　(4) "技术标准报批稿"是这样规定的：负压隔离病房可设非全新风净化空调系统，危重（高危）患者隔离病房应为全新风系统，两类系统的排（回）风口均应设有不低于现行国家标准《高效空气过滤器》GB/T 13554 的 C 类高效过滤器（修订后将改为 40 级）。

　　(5) C 类高效过滤器对 $0.5\sim1.2\mu m$ 的枯草杆菌黑色芽孢变种的实验平均过滤效率达到 99.999997%，即有 1 亿个这种微生物颗粒通过此高效过滤器，只能透过 3 个，而一次喷嚏喷出的气溶胶中 $1\mu m$ 大小的颗粒只有约 2 万个，$10\mu m$ 的大约 30 万个以上，设 1 位病人 1h 内打 5 个喷嚏，1h 将产生 $3\times10^5\times5$ 个＝15×10^5 个。病房体积 $45m^3$，$12h^{-1}$ 换气，设 1h 内能将喷出微粒全部排出（实际上由于气流不均匀等因素做不到这一点），则 1 次换气需要排出的微粒数为 3×10^5 个×5 人÷12 次＝1.25×

10^5 个/次。如果按 $3h^{-1}$ 新风换气，即将 1.25×10^5 个/次微粒中的 75% 再循环送入室内，按上述效率，约有 $0.000003\% \times 1.25 \times 10^5$ 个/次 $\times 0.75 = 0.0028$ 个/次，每次换气 5min，则有 0.00056 个/min 微粒重新到达送风口。送风口若安装有高中效过滤器，最少还要滤掉 90%，与室内人员面临的患者喷出菌浓的四周环境菌浓相比可视为零。何况患者与医护人员还均戴着 N95 口罩。

（6）上述非全新风的循环风系统应为每间病房独立用本室大部分空气经本室空调机组自循环，小部分空气直排的系统。

（7）在新冠肺炎流行的非常时期，改、扩建的收治患者用房用全新风是可以理解和必要的。但对医院平时建设的大量负压隔离病房，耗能不能不是令医院头痛的问题。

以北京为例，一间全新风负压隔离病房与一间采用 $3h^{-1}$ 新风自循环的 $24m^2$ 隔离病房比较：

夏季冷负荷将增加约 2.3 倍；

冬季热负荷将增加约 2.5 倍；

冬季加湿量将增加约 4.4 倍。

（8）负压隔离病区的新风口和排风口应相距 10m 以上，新风口在上风侧，低于排风口；同一垂直方向时在排风口 6m 以下。屋顶上的新风口应高出屋顶 1m 以上。

负压隔离病区的排风口应远离非负压隔离病区建筑（特别是其进风口和门窗）20m 以上，并在其下风向。

7.4 "方舱式"空间净化空调系统建议

对"方舱医院"那样大空间隔离治疗"病房"的净化空调系统有如下要点：

（1）为了防止疫情扩散，把可收治的轻病人（几千成万）悉数收治，动用医院的病房是绝无可能办成的。采用几个大空间建筑临时改造成"方舱医院"实是一个创举。

这么大空间完全封闭起来不通风是不可想象的，每个人散发出的气味（气体）和气溶胶将滞留在这一空间环境中。这些空间原来都有空调系统，但不能用，是可以理解的，所以有两种建议：

1）关闭所有回风口。这样只靠小部分新风，稀释效果有限，受设备原来规模所限，新风加大量将有限。也不能保持负压。

2）关闭所有回风口，另加若干局部循环的空调器。这只是把集中回风改成分散回风。

（2）以上两点都不符合要求，下面提出一种改造建议：

1）可以制作一个回风柜：

① 在回风口前的左、右、前甚至顶上的 3 个或 4 个侧面都安上 A 类高效过滤器甚至亚高效过滤器（因为不是负压隔离病房），如图 7-1 所示。拆去原粗效过滤器，正面可至少扩大成 4 个原回风口大小，两侧及顶部相当于各 2 个共 6 个原回风口大小（当然大小可另设定），则过滤面积是原回风口的 10 倍。

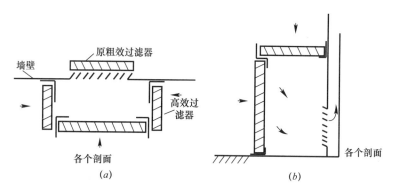

图 7-1　回风柜安装 HEPA 过滤器示意图

(a) 俯视图；(b) 侧视图

这个回风柜通过边框角铝上的密封条贴靠在原回风口四周的壁面上（也可另外加固定措施），再用胶带将所有缝隙密封一遍。

这个回风柜其实就是一个角钢（铝）架子，其大小应根据原系统的有关参数和当前要求确定。

原回风口上百叶应调成向上倾斜，风柜尺寸、形状也可根据现场情况改变。

② 性能分析：

一个回风口尺度设为 0.5m 左右，例如一个无纺布板式粗效过滤器是 520mm×520mm×120mm（厚），1000m³/h 风量时，初阻力为 55Pa，对大于或等于 $2\mu m$ 微粒的一次通过过滤效率据该品牌样本为≥50％。根据《空气过滤器》GB/T 14295—2008，对 $2\mu m$ 微粒效率≥50％为粗效过滤器，则上述品牌确为粗效过滤器。

一个 484mm×484mm×220mm（厚）的 A 类高效过滤器，在 1000m³/h 风量时初阻力规定为 190Pa，若减为 110mm 厚（太厚不好安装），改为 500m³/h 风量，则阻力将略小于 190Pa。

当上述粗效过滤器也通过 500m³/h 风量时，初阻力将略小于 27.5Pa。

当高效过滤器安装在回风框上，使过滤器截面积增加 10 倍时，阻力下降远超过 10 倍，设仍以 1/10 计，则为 19Pa，小于上述 27.5Pa。

也就是说在通过同等风量时，用高效或亚高效回风柜的回风口比原来壁上回风口阻力还要小。

如果改用高效过滤器，则阻力将稍增大，但也小于原粗效过滤器阻力。

2）采用送、回风口带高中效过滤器的小空调机组作室内自循环，需另开一排风口，要有高效过滤器，排风机应尽可能远离排风口。

① 送风机压头不小于 50Pa。将送、回风口在顶棚上拉开距离不小于 2m，在顶棚上开口，适当扩大面积，都安装高中效过滤器。高大空间则应用更大压头的风机，形成水平射流。注意

风口送风高度，不要向有人活动的区域高度吹。

② 性能分析：某三甲医院采用上述方法改造几个 ICU 病房，结果达到原美国联邦 209 标准的 10 万级，甚至万级，详见表 7-5（不是负压隔离病房，未设高效过滤器排风）。

改造后 ICU 室内含尘浓度动态测试结果   表 7-5

房间名称	房间设计级别	含尘浓度（粒/L）				10 万级房间含尘浓度上限（粒/L）	
		点平均最大值		室平均统计值			
		≥0.5μm	≥5.0μm	≥0.5μm	≥5.0μm	≥0.5μm	≥5.0μm
大厅	10 万级	1738.9	7.3	2199.7	8	3520	29
1 号病房	10 万级	218	5.1	436.6	9.8		
2 号病房	10 万级	255.1	2.1	319.2	4.9		
负压病房	10 万级	469.6	7.1	562.8	16.1		
治疗室	10 万级	1199.8	11.1	1245.1	19.2		
药疗室	10 万级	1356.9	11.5	1532.3	14.4		

7.5 对征用场所不同的通风空调改造建议

对作为临时隔离场所建议：

1. 对于不带新风的集中式空调系统或带新风的或无新风的各种空调方式，必要时均可在每间窗户上部设独立新风机组（2 次换气），下部设排风机组（3 次换气）。不开窗（注意，若为一个系统的新风口和排风口不能如此安排）如有回风口，应设高效过滤器。

2. 无通风空调场合，每间房间可增设多联机空调或分体空调，在窗户上部设独立新风机组（2 次换气），下部设排风机组（3 次换气）。不开窗（注意点同上）。

以上方式是上海 SARS 期间同济大学专家建议采用的方案。排风机组最好带高效或亚高效过滤器。

7.6 水气电等系统

1. 水系统的注意事项

水系统除应遵循相关规范的规定外,还应注意以下几点:

(1) 所有用水点应采用非手接触水龙头或冲洗阀。

(2) 给水管与卫生器具的连接应有空气隔断或倒流防止器,不应直接相连。否则被污染的水由于背压、倒流、超压控流等原因,从卫生洁具和卫生设备倒流入给水系统。

(3) 除准备间、污洗间、卫生间、浴室、急诊抢救室和空调机房等应设有防污染措施的专用密封地漏外,其他用房均不应设地漏。

(4) 病房浴厕排水口、污物池排水口、洗脸台排水口、浴盆排水口和各类地漏应由卫生人员每日消毒并注水一次,以维持排水口 U 形水封和卫生条件。

(5) 所有排水管管径应比正常设计值大一号。

(6) 负压隔离病区排水管上应设通气管,管口安装高效过滤器既为了排出排水系统中散发的臭气,又阻止了微生物气溶胶逸出,也为了向排水立管补充空气,起平衡作用,使水流通畅,见本书 9.5 节。

(7) 负压隔离病房卫生间的大便器冲水箱中宜能随时补充杀菌剂。在坐便器正面应贴上"落盖冲水!"的警示,因为有学者在 1985 年就报道了患脊髓灰质炎患者的新鲜粪便冲水后,在空气采样中回收到该病毒;在对有黏质沙雷氏白杆菌污染的大便冲水后,在距座位上方 30cm 处可测出 $67000CFU/m^3$ 的菌浓,约为正常空气的 300 倍,5~7min 后该浓度才下降。

2. 气系统

气系统除应遵循相关规范的规定外,还应注意以下几点:

(1) 负压隔离病房宜用液氧罐供应氧气。宜有一定瓶氧储备量。

（2）要确保氧气供应量和压力：40～80L/（min·床），0.4～0.45MPa，重症和危重（高危）症患者取大值。

（3）供给负压隔离病房的医用氧气源，不论气态或液态，都应按日用量要求储备不少于 3d 的备用量，危重（高危）症病房应能 24h 不间断供给。

（4）负压隔离病区应独立设置医用真空设施。

（5）负压吸引系统排气应经过 C 类高效过滤器过滤后排放。

（6）在进入负压隔离区的医用气体管道上应设区域阀箱，区域阀箱应设在清洁区有人值班的场所。

（7）医疗用气系统的监控应与火灾报警系统联动，应具备火灾确认后关断区域氧气总管的功能。

3. 电系统

电系统除应遵循相关规范的规定外，还应注意以下几点：

1）供配电

① 供配电系统：

负压隔离病区的用电负荷应为一级负荷中的特别重要负荷，应急供电应优先保证各类病房患者医疗与维持生命设备、负压通风系统、护士站和应急照明系统用电。负压隔离病房应采用双路市电外加应急电源的供电方式，当市电停电或故障时，应急电源的供电容量应满足一级负荷中特别重要负荷。要求中断供电时间≤0.5s 的一级负荷中特别重要负荷，应设置在线式不间断电源装置（UPS）。

负压隔离病房内的配电箱宜考虑有 20％以上的冗余，由于医疗技术和装备发展太快，所以对于重症病房特别是单人和危重症（高危）患者这些数量有限的病房的用电负荷应留有预接入新技术、新设备需求的余地。

② 避免辅助用房或某个床位发生电气故障时影响其他床位，病房每床位宜设单独供电接口。维持生命设备应另配不间断电源插座，并与辅助用房用电分开。

③ 不间断电源插座应设置明显标志。

④ 每间独立的负压隔离病房内应设置不少于 6 个治疗设备用电插座，并宜安装在设备带上。应在面板上有明显的"治疗用电"和"非治疗用电"标志。

⑤ 每个床位设备带应设置 1～2 个等电位接地端子，为新接设备接地保护使用。

2）安全防护

① 多个功能相同的毗邻房间或床位，应至少安装 1 个独立的医用 IT 系统。

② 医用 IT 系统应配置绝缘监视器，并应符合下列要求：

交流内阻应大于或等于 $100k\Omega$；

测试电压不应大于直流 25V；

在任何故障条件下，测试电流峰值不应大于 1mA；

当电阻减少到 $50k\Omega$ 时应报警显示，并配置试验设施；

宜具备 RS 485 接口及通用多种通信协议可选。

③ 每一个医用 IT 系统，应设置显示工作状态的信号灯和声光警报装置。声光警报装置应安装在有专职人员值班的场所。

④ 医用隔离变压器应设置过负荷和高温的监控。

⑤ 电源线缆应采用阻燃产品，有条件的宜采用相应的低烟无卤型或矿物绝缘型电缆。

3）信息智能化

① 病房区域宜进行闭路监控，宜每床设一台摄像机。

② 病床和护士站均应设医用对讲系统。

③ 病房宜设置有线电视插座和网络接口，一般病房宜设电视机。

4）照明

① 所有病房均不应使用 0 类灯具以及不可替换光源或非用户替换光源的灯具。应选用洁净灯具。

② 病房和医护人员工作区域平均照度不宜低于 300Lx，走廊平均照度不宜低于 150Lx，应具备节能运行模式。床头宜设

置局部照明，每床一灯，可就地调节控制。

关于平均照度，因为针对的是需要随时进行抢救工作的重症病房，不能按一般"病房"要求。这方面国外标准远高于我国，如美国的750Lx，德国的500Lx，德国要求走廊照度不小于主要功能房间照度的70％，而美国则要求一致。我国标准选择为50％，主要是考虑当医护人员从高照度房间和低照度走廊来回穿梭时，人员瞳孔面积变化率最大，对人的视觉疲劳影响最为明显。

③ 儿科病房宜选用三基色荧光灯，避免患儿直视光源。

④ 护理单元走廊和病房应设夜间照明，床头部位夜间照度不应大于0.1Lx，儿科病房不应大于1Lx。

⑤ 各类病房和护士站均设应急照明中的备用照明装置。

⑥ 所有区域的照度均匀度不应低于0.7。

4. 消防系统

消防系统除应遵循相关规范的规定外，还应注意以下几点：

（1）根据国家标准《传染病医院建筑施工及验收规范》GB 50849—2011有关规定，负压隔离病房不应安装各类灭火用喷头。其他场所应设自动灭火系统。

（2）负压隔离病区应配备手动灭火器材。

（3）负压隔离病区房间如设外窗，应在紧急状况下可开启，并可与火灾自动报警系统联动自动开启。

（4）当负压隔离病房位于距地面高度大于32m的楼层时，应设置开敞式或具有可开启外窗的外廊。病房均应设置紧急状况时可开启的通向外廊的疏散门。

第8章 参 数

（1）负压隔离病区病房和部分辅助用房设计参数参考值见表 8-1。

（2）冬季无空调供暖的只能用辐射供暖或踢脚线式供暖，房间换气次数可减少 1/3。

（3）实际温度可比表 8-1 中数值上下浮动不大于 1.5℃，并应可调。实际相对湿度可比表 8-1 中数值上下浮动不大于 10%。

（4）夜间噪声宜比白天降低不小于 3dB（A）。

（5）负压隔离病房的设计参数中负压当然是第一个要素，如何确定已在第 5 章中说明。其次受关注的就是换气次数，当然换气次数大的比小的好。对于医院这样一个特定用户来说，换气次数太大是其不能承受的。一般均参考国外文献，例如美国 ASHRAE 手册（2003）对肺结核隔离病房只要求 $6h^{-1}$ 换气，而其他文献均要求隔离病房有不小于 $12h^{-1}$ 的换气次数。由于没有从原理上去找答案，所以换气次数的数值一直被引来引去，存在争论。

根据"动态隔离理论"，以一名医护人员在病房内工作 1.5h，在戴 N95 口罩条件下，不吸入 1 粒菌粒，则有如下结果：

按最小的 $0.075\mu m$ 飞沫核计算，得 $11.2h^{-1}$；

按最多的 $10\mu m$ 液滴计算，得 $12h^{-1}$；

按室内普通 $\geqslant 0.5\mu m$ 微粒计算，得 $12.4h^{-1}$；

按保护病房外环境计算，得 $12.2h^{-1}$。

由于计算中设定的条件比较严，认为除循环风可取 $12h^{-1}$ 外，当采用全新风时，$10h^{-1}$ 是能满足要求的。

部分设计参数

表 8-1

	压差程度	送风过滤器	总换气次数 (h⁻¹)	最小新风量 (h⁻¹)	排风量 (h⁻¹)	温度 (℃) 冬	温度 (℃) 夏	相对湿度 (%) 冬	相对湿度 (%) 夏	噪声 [dB(A)]
全新风负压隔离病房	—	≥0.5μm 效率≥70%的高、中效过滤器	10	10	13（或新风量+140m³/h）	24	26	30	60	≤45
循环风负压隔离病房	—	同上	12	3	6（新风量+140m³/h）	24	26	30	60	≤45
病房卫生间	—（保持病房对其负向流）	同上	/	/	6	/	/	/	/	≤45
进入病房缓冲间	—	≥0.5μm 效率≥95%的亚高效过滤器	60	/	6	宜高于病房	宜高于病房	/	/	≤50
由普通工作区（清洁区）进入走廊的缓冲间	+（对内对外）	≥0.5μm 效率≥95%的亚高效过滤器	30	4	自然压出	宜高于内走廊	宜高于内走廊	/	/	≤50
患者进入走廊的缓冲间	—（对内对外）	不设	/	/	6	/	/	/	/	≤50
走廊	—	≥0.5μm 效率≥70%的高中效过滤器	6	2	4	20	28	/	/	≤50
检验室、治疗室	—	同上	6	2	4	20	28	/	/	≤50
污物处理	—	不设	8	/	10	/	/	/	/	≤55

第9章 设 备

9.1 空 调 设 备

（1）有公共回风系统的空调设备，适合于除防控区（污染区）之外的场合。

1）柜式空调设备。选择柜式空调时应注意以下几点：

① 风量在每小时几千立方米的立柜式至二三万立方米的立柜式范围内最合适，最大风量可达到五六万立方米。

② 不需再设制冷机系统和冷冻机房。

③ 如有用水限制或建冷却水塔不便，则不选整体的水冷型而选择分体的风冷型。风冷型又有两种；一种是压缩机在室内，室外机组为风冷式冷凝器；另一种室内只有热交换盘管和风机，压缩机和风冷冷凝器都在室外，这种分体式空调设备具有运转安静的特点。

④ 一般舒适性空调可选冷风型；如没有别的供暖方式可选冷热风型；如有±2℃和±5％以内的恒温、恒湿要求，可选恒温、恒湿型。

⑤ 要选有一定机外余压的型号，如果余压不够则需加接风机。

2）组合式空调设备。组合式空调设备机组由多个功能段组成，选择时应注意以下几点：

① 适用于大系统。

② 机房面积要有足够的长度，长度可达十几米。

③ 必须另有制冷系统供给冷媒。

（2）自循环回风的空调设备，适合于防控区（污染区）的病房、病房卫生间、进入病房的缓冲间，以及普通房间。

1）根据风压要求设计的带风机和冷热盘管的自循环风机组，也称风机静压箱，具有 $100\sim200\mathrm{Pa}$ 压头，采用低转速、低噪声设计，加了消声箱体。

2）选用风机盘管现成产品（包括一个室内机带多个室内机的多联机设备）：

按照 7.1 节的说明，用于防控区（污染区）房间的风机盘管，在其送、回风口均应设高中效过滤器，用于普通房间的风机盘管机组，在其回风口应设高中效过滤器。

风机盘管有零静压（出口余压）、低静压（30Pa）和高静压（50Pa）之分。所以过滤器必须选用低阻或超低阻的，当有 50Pa 静压时，可在送、回两个风口均设过滤器（在顶棚上送回风口应拉开距离，不小于 2m）；当有 30Pa 静压时，只能先在回风口设过滤器。一例超低阻高中效过滤器性能如表 9-1、表 9-2 所示（据北京建研洁源科技发展有限公司样本）。

超低阻高中效过滤器实验结果一例 表 9-1

风速（m/s）	0.31	0.41	0.52	0.61	0.71	0.79	0.89	0.99
阻力（Pa）	8	10	12	13	15	17	19	21

超低阻高中效过滤器的高效率性能 表 9-2

计数滤尘效率 η					
≥0.3μm	≥0.5μm	≥0.7μm	≥1.0μm	≥2.0μm	≥5.0μm
74.8	79.4	87.4	89.8	93.8	95.8
不同采样时刻滤菌效率					
第 0.5min	第 8min	第 13min	第 19.5min	第 21min	第 25min	平均
99.34%	99.34%	99.39%	99.47%	99.26%	99.43%	99.37%

当用于隔离病房时，由于排风口有高效过滤器，一般风机盘管的风机是带不动的，可另加循环风风机，这在本书第 12 章有介绍。

（3）新风机组。如果空调设备的新风段不符合 7.1 节要求，则应另设新风机组，新风口应有防雨措施，新风入口应设不大于 8mm 的金属网格。

9.2 空气过滤器

1. 一般空气过滤器

根据国家标准《空气过滤器》GB/T 14295—2008，一般空气过滤器按表 9-3 分类

过滤器额定风量下的效率和阻力 表 9-3

性能类别 性能指标	代号	迎面风速 （m/s）	额定风量下的 效率 E（%）	额定风量下的 初阻力（Pa）	额定风量下的 终阻力（Pa）
亚高效	YG	1.0	粒径≥0.5μm 99.9＞E≥95	≤120	240
高中效	GZ	1.5	95＞E≥70	≤100	200
中效 1 中效 2 中效 3	Z1 Z2 Z3	2.0	70＞E≥60 60＞E≥40 40＞E≥20	≤80	160
粗效 1 粗效 2 粗效 3 粗效 4	C1 C2 C3 C4	2.5	粒径≥2μm E≥50 50＞E≥20 标准人工尘 E≥50 50＞E≥10	≤50	100

注：当效率测量结果同时满足表中两个类别时，按较高类别评定。

2. 高效空气过滤器

根据国家标准《高效过滤器》GB/T 13554—2008，高效空气过滤器按表 9-4 分类。

高效空气过滤器性能 表 9-4

类别	额定风量下的钠焰法 效率 E（%）	20%额定风量下的 钠焰法效率（%）	额定风量下的 初阻力（Pa）
A	99.99＞E≥99.9	无要求	≤190
B	99.999＞E≥99.99	99.99	≤220
C	E≥99.999	99.999	≤250

9.3　室内排（回）风装置

1. 无泄漏装置的重要性

上文已述，由于高效过滤器有极高的效率，使得使用循环风有可能。但是如果高效过滤器及其安装边框有泄漏，则高效过滤器的优越性丧失，这对室内外、对环境都是不允许的。

高效过滤器是纸质的，出厂即使完好，安装前也可能遭受损失，所以对用于危险性大的气溶胶过滤的高效过滤器，相关标准都规定必须扫描检漏。

但是，由于扫描应在出风面进行，而送风过滤器出风面在敞开的空间内（室内或出风口面向室内的设备内），是可以操作的。排风过滤器安装在排风口内，后接排风管道，出风面在封闭空间内。虽然过滤器本体可以在安装前扫描确认不漏后再装，但如果边框有漏，其扫描检漏是无法操作的。

2. 动态气流密封原理

由于任何传统的机械封堵、封胶填堵，在理论和实际上都不能达到没有例外地绝对密封，所以应用气体必定从高压端流向低压端的原理，设计一种动态气流密封负压高效排风装置，如图 9-1 所示，就是一种密封上的新理念，获得了欧洲 6 国专利。

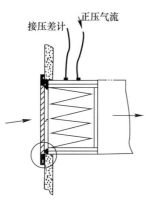

图 9-1　送风和排风
扫描捡漏面

采用一种异性高效过滤器，使其在排风装置外壳和高效过滤器外壳之间形成充满正压气流的正压气密封腔，如有缝隙，正压气流只能从腔内压出，一边向室内，一边向排风管内，而不可能使室内侧可能有菌的负压气流漏入腔内再流入排风管道又排至室外。

正压气流由软管从送风管中引来。

将压差计软管和墙上压差计相连，即使有 1Pa 压差都能阻漏，根据国家标准《洁净室施工及验收规范》GB 50591—2010 的要求，压差计压差应保持不小于 10Pa。

动态气流密封装置不仅获得了国内发明专利，于 2019 年底获得欧洲 6 国专利。

3. 动态气流密封装置

动态气流密封装置规格见表 9-5（据北京建研洁源科技发展有限公司和苏州汇通空调净化工程有限公司样本）。

表 9-5

动态气流密封装置规格

序号	型号	风量 (m^3/h)	外形规格 $W \times H \times D$（mm）	过滤器规格 （mm）	排风口规格（mm）	开孔尺寸（mm）
1	WLP-1	300	$506 \times 406 \times 350$	$400 \times 300 \times 120$	250×120	450×350
2	WLP-2	500	$606 \times 456 \times 350$	$500 \times 350 \times 120$	400×120	550×400
3	WLP-3	600	$706 \times 506 \times 380$	$600 \times 400 \times 120$	500×120	650×450
4	WLP-4	900	$806 \times 556 \times 380$	$700 \times 450 \times 120$	600×120	750×500

安装时先将装备的高效过滤器放在现场检漏小车上检漏，检漏时就用室内开门窗自然状态下的大气，根据《洁净室施工及验收规范》GB 50591—2010 的要求，当其 $\geqslant 0.5\mu m$ 微粒不小于 5000 粒/L 时即可现场检漏，只要检出 <3 粒/L 即为不漏。这种计数浓度检漏比相对浓度检漏严得多，也精准得多。

换过滤器时先对风口孔板消毒，然后取下，再按照设备说明书要求，对高效过滤器贴膜、拆卸，装入塑料袋封好，然后安装检漏过的新过滤器。工作人员按常规进行安全防护。

9.4　人物流设备

1. 手卫生设备

（1）带高效过滤器的清洗干手器

清洗干手器是一种通用性较强的设备，其干手用的是一般风机吹风，在传染病区使用是不合适的。

图 9-2 是清洗干手器用经过高效过滤器的洁净空气吹风。表 9-6 是这种干手器性能（据苏州安泰空气技术有限公司样本），应采用热空气吹风。

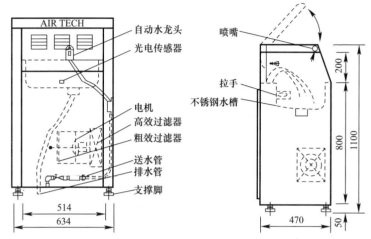

图 9-2　清洗干手器

清洗干手器性能　　　　　表 9-6

型号		AHW-05 清洗干手器		AHW-05 清洗干手器
过滤效率		≥0.3μm 微粒，≥99.99%		
喷口风速（m/s）		约 100		
噪声		≤80dB		
结构	外箱体	SPCC 烤漆		SPCC 烤漆
	工作区	SUS304		SUS304
	感应龙头	SJL-L0812		—
电源		AC220V，50Hz		
最大功耗（kW）		1.8		
风机		AC 马达		
干燥时间（s）		约 20		
运行方式		洗手	干燥	干燥
必要设备		1/2in 的进水软管		1/2in 的进水软管
		φ40 的排水管		
外形尺寸（mm）		634×470×1100		400×310×850
颜色		象牙白		

注：1in=2.54cm。

60

（2）一次性纸巾干手法。

也有英国研究者认为吹风干手会增加残留在手上的微生物扩散，当然还无数据。认为用肥皂洗手后以一次性纸巾擦手是去除可导致微生物传播的手上残留水分最快捷有效的方法。

2. 传递窗

（1）原理

传递窗被广泛用于工业厂房和医院等对环境有空气隔离要求的地方，具有隔离隔墙两侧房间空气的基本功能。

传递窗是负压隔离病房必不可少的设备。一般安装于病房与缓冲间之间的墙上。当医护人员需要向病房输送药物、食物等时，可通过传递窗输送，以减少医护人员直接进入负压隔离病房的次数，从而减少对医护人员感染的概率。

当物件经过普通窗户传递时，不管室内是正压还是负压，通过传递动作，总有一部分空气得到了交换，一方对另一方造成污染，传递窗就是物件的缓冲间，物件在传递窗内短暂停留，还可以进一步吹淋和消毒。

（2）分类

行业标准《传递窗》JG/T 382—2012 对产品按功能分类如表 9-7 所示。

传递窗的分类　　　　　　　　　　　　　　　表 9-7

类型	标记代号	功能
基本型	A	具备基本功能的传递窗
净化型	B1	具备基本功能，且具有由风机及高效空气过滤器组成的自循环空气净化系统，能对传递窗内部空气进行净化处理
	B2	具备基本功能，且具有含高效空气过滤器的送风系统和排风系统，能对传递窗内部空气和排出传递窗的空气进行净化处理
	B3	具备基本功能，且同时具有空气吹淋室功能，能通过喷嘴喷出的高速洁净气流对放置于传递窗内的待传递物品的表面进行净化处理

续表

类型	标记代号	功能
消毒型	C1	具备基本功能，且在箱体内装有紫外线灯管，能对通道内空气、壁面或待传递物品表面进行消毒处理
	C2	具备基本功能，且在箱体壁面上设置消毒气（汽）体进出口，能对传递窗内部空间进行消毒。消毒时，外接消毒装置可以通过消毒气（汽）体进出口向传递窗箱体内输送消毒气（汽）体
负压型	D	具备基本功能，且能在传递窗箱体内保持一定的负压
气密型	E1	具备基本功能，并应达到以下气密要求：采用箱体内部发烟法检测时，其缝隙处无可视气体泄漏
	E2	具有基本功能，并应达到以下气密要求：采用箱体内部压力衰减法检测时，当箱体内部的压力达到 -500Pa 后，20min 内负压的自然衰减小于 250Pa

（3）基本型传递窗

基本型传递窗是一个两侧各有一扇门的箱体，使用时两扇门不允许同时打开，通常设置机械联锁或电子联锁，一边门不关，另一边门打不开。图 9-3 所示例子是普通传递窗。

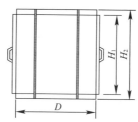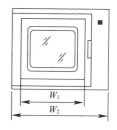

图 9-3 普通传递窗外观和结构

（4）净化型传递窗

净化型传递窗又可分为三类：

1）有由风机及高效空气过滤器组成的自循环净化系统，具有对传递窗内部空气微粒及细菌病毒等进行净化处理的功能。

2）有含高效空气过滤器的送风系统和排风系统，具有对通过传递窗内部和排出传递窗的空气进行净化的功能。

3）具有空气吹淋室的功能，通过由喷嘴喷出的高速洁净气流对放置于传递窗内的待传递物品的表面微粒进行净化处理。

（5）消毒型传递窗

消毒型传递窗又可分为两类：

1）在传递窗通道内装有紫外线灯管，可以对通道内的空气、壁面或待传递物品表面消毒。

2）在传递窗壁面上留有消毒气（汽）体进出口，需要时可通过消毒气（汽）体进出口连接窗外的消毒装置对传递窗内部消毒。

9.5　排气处理设备

（1）排气必须处理。卫生间的排污水立管中会有污气产生，必须给它出路排出来。但是这些污气将带有危险气溶胶一同散发出来。所以这些排水管上必须安通气管，"技术标准报批稿"规定：负压隔离病区排水管上通气管当穿过屋面或位于平台之上时，管口应高于其穿过屋面或平台 3m，经高效过滤装置过滤后排放，并远离进风口。通气管口应有明显标识。

（2）由于从排污水立管中冒出的污气潮湿或可能带有液滴，为防止把高效过滤器滤纸弄湿而被吹破，所以滤纸应采用疏水性材料，玻璃纤维滤纸不合适，可采用聚四氟乙烯滤纸。

（3）现在还未见到用于负压隔离病区卫生间排污立管上的通气管过滤装置。该装置可以自制也可借用生物安全实验室通气管上专用排污处理设备，它还有加热、消毒设施，使该装置更安全。参见图 9-4 结构图和图 9-5 外观图（据北京中数图科技有限责任公司样本）。

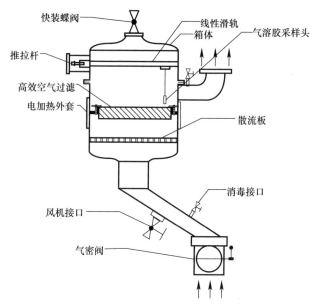

快装蝶阀　　线性滑轨　　箱体　　气溶胶采样头

推拉杆

高效空气过滤

电加热外套

散流板

消毒接口

风机接口

气密阀

图 9-4　排气管过滤装置结构示意图

图 9-5　排气管过滤装置外观图

第10章 施　　工

10.1　原　　则

（1）负压隔离病房的施工与验收应符合现行国家标准《洁净室施工及验收规范》GB 50591、《传染病医院建筑施工及验收规范》GB 50686以及有关专业施工验收规范的相关规定，遵循严密、干净、按程序的要求进行施工。

（2）工程所用的材料、设备、成品、半成品的规格、型号、性能及技术指标均应符合设计和国家现行有关标准的要求，并有齐全合法的质量证明文件。对质量有疑义的，必须进行检验。严禁使用国家明令淘汰的材料和设备。

（3）所用材料应符合国家现行有关建筑材料有害物质限量标准的规定。所用材料和设备进场时应对品种、规格、外观和尺寸进行验收。材料和设备包装应完好，进口产品应按规定进行商品检验。所用的材料和设备在运输、保存和施工过程中，应采取防止材料和设备损坏或污染环境的措施。所用的材料应按设计要求及相关标准要求进行防火、防腐和防虫处理。

10.2　施　　工

（1）负压隔离病房的施工应由具有建设主管部门批准的专业资质的施工企业，按图纸施工，施工人员均应经过与其所从事工作相适应的培训及考核，特殊工种（电工、焊工、起重工等）应持有上岗证，并应由具有专业监理资质的监理单位实行全过程监理。

（2）施工前应制定施工组织设计，施工中各工种之间应密切配合，按程序施工。没有图纸、技术要求和施工组织设计的工程项目不应施工。工程施工中需修改设计时应有设计单位的变更文件。对没有竣工图纸的工程项目不应进行性能验收。施工过程中应做好半成品、成品的保护，防止污染和损坏。管道、设备等安装及调试宜在建筑装饰装修工程施工前完成；当同步进行时，应在饰面层施工前完成。建筑装饰装修工程不应影响管道、设备等的使用和维修。

（3）分部分项工程或工程中的复杂工序施工完毕后，应进行中间验收，中间验收不合格的必须返工达到合格，并应记录备案。

（4）负压隔离病房的墙面、地面和顶棚材料以及各面交角材料，应表面光洁、易清洁、耐消毒液擦洗、耐腐蚀、防水无泄漏。设计有圆角要求的，圆弧半径应满足设计的要求，当设计无要求时，圆弧半径不应小于30mm，圆角材料与其他材料的缝隙应采取密封措施。围护结构表面的所有缝隙应密封。房间的隔墙宜到顶，与楼板底的缝隙宜填实密封。

（5）病房、实验室及其桌柜等可能被污染以及需要手触及的局部表面宜用无机抑菌性材料。

国内发明的一种铝合金板材和膜材，就是上述无机抑菌材料之一，不仅对细菌具有极高的消毒效率，而且对病毒也有高的杀灭率，见表10-1（据福建优净星环境科技有限公司资料）。

（6）负压隔离病房设置地漏的房间（如卫生间、污洗间等），排水坡度应符合设计要求，当设计无要求时，不应小于0.5%，地面应作防水处理，防水层向墙面上返高度不应低于250mm。

（7）负压隔离病房的风管和其他管线暗敷时，宜设置设备夹层或上人吊顶；当采用轻质不上人吊顶时，吊顶内宜设检修通道。病房顶棚上不应设置人孔、管道检修口。

（8）应以悬吊式、地面标识式给出明显标识或提醒标识，尤其在多分义地段。

一种铝合金材料对沾染上的微生物杀灭率 表 10-1

微生物	在材料表面上时间	杀灭率（%）	检测单位
大肠杆菌	2h	99.9	
金黄色葡萄球菌	1h	99.9	广东省微生物研究所
铜绿假单细胞菌	2h	99	
甲型流感病毒 H1N1（接种样本 1.59×10^6 /mL）	30min	94.76	

10.3 验 收

（1）负压隔离病房验收应按工程验收和使用验收两方面进行。负压隔离病房的工程验收应按分项验收、竣工验收和性能验收三阶段进行。

负压隔离病房工程在施工方自行质量检查评定的基础上，应由建设方主导负责，参与建设活动的有关单位共同对主控项目和商定的其他项目的检验批、分项工程、分部工程和单位工程的质量进行验收。

（2）工程验收应由建设方负责组织，由建设、施工（含分包单位）、设计、监理各方（项目）负责人参加，组成工程验收组负责执行和确认。工程验收在完成施工验收（包括分项验收、竣工验收）和性能验收后，应由工程验收组出具工程验收报告。工程验收结论应分为不合格、合格两类。对于有不达标项又不具备整改条件，或即使整改也难以符合要求的，宜判定为不合格；对于验收项目均达标，或虽存在问题但经过整改后能予克服的，宜判定为合格。

（3）分项验收后进行竣工验收，应进行设计符合性确认；安装确认——外观检查、安装的正确性、牢固性、严密性和操作方便性，然后进行单机和系统方式运转。

（4）工程验收后必须由建设方委托第三方进行工程的综合性能全面评定的检测。

10.4 检 测

（1）负压隔离病房工程检验的检测项目应按表 10-2 进行，检测结果应符合设计要求。

负压隔离病房室内环境指标检测项目 表 10-2

序号	检测项目	检测方法
1	送风量（换气次数）	现行国家标准《洁净室施工及验收规范》GB 50591 相关规定
2	新风量	
3	排风量	
4	静压差	
5	温度	
6	相对湿度	
7	噪声	
8	照度	
9	病房内气流流向	现行国家标准《传染病医院建筑施工及验收规范》GB 50686 相关规定
10	排风高效过滤器全部检漏	当为一般高效过滤器装时，按现行国家标准《生物安全实验室建筑技术规范》GB 50346 的相关规定。当为动态气流密封负压高效排风装置时，按本书 9.3 节方法检漏
11	送、排风机连锁可靠性验证	现行国家标准《生物安全实验室建筑技术规范》GB 50346 相关规定

（2）检测项目中的风量、压差应先测量。检测风量、压差外的其他检测项目时，不应调整风量。各项技术指标检测均应在通风空调系统调试合格后进行。

（3）在"技术标准报批稿"批准实施前，当要求检测竣工后静态空气菌浓度时，应达到≤6CFU/(ϕ90·30min)。

第11章 维 护

11.1 日 常 维 护

（1）负压隔离病区应设专职人员维护管理，制订制度

（2）应建立硬件标准作业程序，应包括：

1）建筑设施和设备的操作、维护、定检程序；

2）对火灾、地震、水灾、台风、长时间停电等意外事件紧急应变程序；

3）病区硬件设施停用与再启动作业程序。

（3）应按卫生主管部门有关规定做好疑似或确诊经空气传播疾病患者的接诊、收治、转运和传染病区的消毒工作。

（4）所有地面应每日清洁消毒1～2次。应规定各类房间排、回风口孔板或格栅擦净消毒方法和周期。

（5）隔离病房排（回）风高效过滤器当其压力开关显示的阻力达到运行初阻力2倍时应予更换。住院超过1个月的危重症（高危）患者撤离病房后，病房排（回）风高效过滤器应立即更换。更换时应遵循设备的安全操作规程。

（6）当房间压差降低一半时，应检查送回风口百叶和开关以及新风过滤器；若无异常，应再检查风速、风量和送风口过滤器。

（7）负压隔离病房使用过的卫生洁具，应在病房卫生间清洁浸泡消毒和封装后方可拿出病房。

（8）负压隔离病房病人撤离病房后均应对所有表面擦拭消毒。危重症（高危）患者撤离病房后，室内还可用气体消毒，然后排风自净2h以上，并应在房间入口处设置警示和进入限制

标识。

（9）当发生感染暴发或环境表面检出多重耐药菌时，应按已制订的强化消毒标准和规程对环境进行终末消毒；增加消毒频率；选用对病原体有强针对性的消毒剂；对空调设备内部和风口消毒；更换系统过滤器；检查负压隔离病房卫生间排水通气管过滤器。

11.2 日常监测

（1）应制订日常监测计划。

（2）日常监测项目参照表 11-1 进行。

负压隔离病房日常监测项目　　　　　表 11-1

序号	项目名称	适用场所	人工监测最长频度	适用方法
1	房间压差	所有场所	每日 1 次	门口墙上压差计读数
2	房间温度	所有场所	每日 1 次	室内或控制中心仪表读数
3	房间相对湿度	所有场所	每日 1 次	室内或控制中心仪表读数
4	空调设备内过滤器压差	集中空调设备	每月 1 次	各过滤器段压差计读数
5	空气菌落数	病房其他场所	每 2 周 1 次和新病人入院前每月 1 次	平板暴露法，测点自定，注明室内人员、工作情况
6	表面菌落数	需要表面消毒的场所	每月在消毒后 1 次	参照现行国家标准《医院消毒卫生标准》GB 15982 附录 A・3

第12章 实　　例

下面介绍的是在"技术标准报批稿"制订前的工程实例，一切均以该国家标准实施时的标准为准。

12.1　项目概况

（1）该工程为我国南方某市设计建造的传染病医院隔离病房，见图12-1。病房位于院中心楼十二层，整层建筑面积约1600m²，设12套负压隔离病房、4套间普通病房及相应辅助房间。每套病房由前室（每两套共用一间）、病房、卫生间、缓冲间组成。辅助房间包括：主任办、医生办、示教、值班、新风机房、男更、女更、男缓冲、女缓冲、前走廊（清洁走廊）、后走廊（污物走廊）、开水间、医生办、处置、治疗、库房、入院处置、熏蒸消毒、病人探视、污洗、缓冲等，根据各自功能划分在不同区域内。空调机房位于楼顶屋面。

（2）本层内有4套普通病房，按甲方要求，从节能角度考虑，本层的12套隔离病房平时应能够调节成为普通病房，即16套病房在平时均当作普通病房使用，提高病房使用率，降低运行能耗。当本层入住患有烈性呼吸系统疾病的病人即有房间升级为负压隔离病房时，4套普通病房必须停止使用。

12.2　空调设计

本层空调系统的划分及空调方式的确定以平面区域划分及各区域功能特点为基础。各区域均为独立的空调系统，以防止交叉感染的发生。普通工作区即清洁区为风机盘管加独立新风

负压隔离病房建设简明技术指南

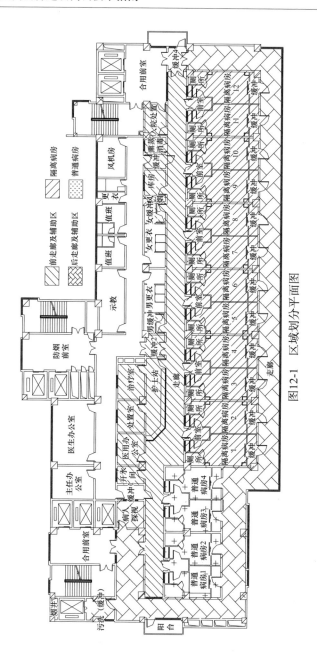

图12-1 区域划分平面图

72

系统；辅助防控区域内，前走廊及辅助房间区为一个独立的全空气系统；后走廊及辅助房间区为一个独立的全空气系统；防控区即污染区的隔离病房每套设独立的全空气系统，分高、低两态（即全新风工况和回风工况），可随时切换；4 套普通病房为风机盘管加独立新风系统。整个隔离病房区域、后走廊及辅助区均为绝对负压区域。

12.3　系统设置

1. 隔离病房

（1）隔离病房空调系统为一对一的全空气系统，其中前室及缓冲间均设为自循环子系统，自循环空调机组除满足管道系统阻力外，还应附加所选类型过滤器的终阻力（高中效、亚高效或高效）。

（2）缓冲间考虑该房间换气次数较大（60h^{-1}）且房间较小，人员停留时间短，所以均不做空气热湿处理，以减少系统冷、热负荷。

（3）病房系统均在回风管道上设排风，通过送、回风排风管道上的阀门来调节房间压差。

（4）每套病房内所有排风汇总后经一根排风管道引出。

（5）新风由统一的新风机组高低态定风量提供，排风由统一的排风机组高低态定风量排风。

（6）12 套隔离病房分 3 组控制，每 4 套病房系统共用一个新风机组和一个排风机组。

（7）所有隔离病房厕所排风汇总后统一排出，为单独的排风系统。

2. 其他房间

（1）走廊区域均为负压的全空气系统，均在走廊及个别辅助房间设有排风，冷量控制也是通过回（排）风管上温度传感器控制冷水回水管上电动二通阀的开度实现。

（2）清洁区为风机盘管加独立新风系统，每个风机盘管均配置温控三速开关和二通电磁阀，通过室内温感元件控制二通电磁阀的开或关来调节温度；三速开关通过改变电机转速来改变风机盘管的送风量。

12.4 控 制 方 式

（1）病房风系统控制原理如图 12-2 所示，通过在病房系统的新风管入口 A 处、病房总回风管 B 处及病房总排风管 C 处设置的多态定风量阀和气密阀等装置，可实现全新风工况、回风工况及关闭消毒工况的切换。各房间的风量及压差可通过各管路上的风量调节阀来实现。

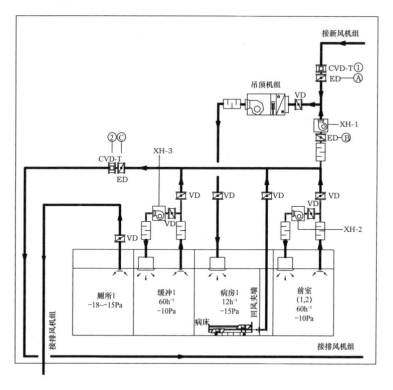

图 12-2　隔离病房风系统控制原理图

CVD-T-两态定风量阀；ED-电动密闭阀；VD-手动调节阀；XH-循环风机

（2）冷量控制通过回风管上温度传感器控制冷水回水管上电二通动阀的开度来实现。

12.5　科研成果在设计中的应用

根据动态隔离原理，在隔离病房内的送风采用主流区送风与次送风口相结合的定向流送风方式，顶送侧下回（排）。风口的布置要有利于污染物的控制，送、回（排）风口的定位使清洁空气首先流过房间中工作人员可能的工作区域，然后流过病人传染源进入回（排）风口，如图 12-3 所示。

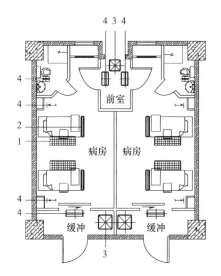

图 12-3　隔离病房风口平面布置图

1—格栅送风口；2—条形送风口；3—亚高效送风口；

4—回（排）风口，内含无泄漏排风装置

图 12-3 中，床宽为 0.9m，床距原为 1m，此间距过小，难以放置隔离病房所需的床边 X 光机和呼吸机等医疗设备。美国标准为 2.24m，对该工程而言并不现实，通过与院方协商，将

床距调至 1.5m，已达到荷兰的标准。这样两床之间有足够的距离摆置呼吸机等医疗设备，也可作为医护人员工作区。在两床之间的床侧上方分别设各床的主流区隔栅送风口，各床尾上方设条形次送风口，两床外侧的床头下部设侧回（排）风口。前文已经述及，送风口的面积在出口风速不低于 0.13m/s 的条件下应尽量扩大。本设计按出风口风速 0.15m/s 计，主流区送风口与次送风口的面积比取 2∶1。

这种隔离病房内气流组织设计形式，作为一种全新的动态隔离理念已被提出，对这种气流组织形式做的 CFD 模拟，其他模拟结果及相应的微生物实验验证都清晰地证明种气流组织设计形式在动态控制污染物方面优于其他方案。

12.6　送　　风

隔离病房区域内各房间送风口、病房内隔栅送风口及条缝送风口内均安装亚高效过滤器，以达到较为理想的过滤效果。

12.7　回（排）风

所有隔离病房均可以在全新风工况及部分回风工况之间切换。国内外有代表性的关于传染病房的标准中未见必须采用全新风的硬性规定和具体说明。美国疾病预防和控制中心（CDC）于 1994 年发布的《医疗卫生机构肺结核菌感染控制准则》也指出，当采用高效过滤器时，可以使空气在室内循环。与全新风工况比较，回风工况所带来的节能效果是不言而喻的，但病房回风高效过滤器的高效率是建立在过滤器及其边框无泄漏的基础上的，过滤器可以现场扫描检漏，确定无泄漏时再安装，但无法对边框进行检漏。

为此，该项目中病房回（排）风口采用了动态气流密封负压高效无泄漏回（排）风装置。该装置具有无漏、免检等特点，是中国建筑科学研究院原空调所的科研成果，并已批量生产。装置里面有带边的异型高效过滤器，在安装高效过滤器之前，先进行现场扫描检漏，当确认过滤器无漏后，即安入该排风装置中，就不必担心安装边框有泄漏了。只要连接装置的压差计显示不小于 1Pa 即可使用（规范规定不小于 10Pa）。12 套隔离病房内的所有回（排）风口及污染和半污染区域内的排风口，均采用该装置。

对于污染区及半污染区的回风口，采用磁吸式低阻回风高中效过滤器。由于空调器或系统管道中最易繁殖细菌而又消毒困难，所以对于集中空调系统，阻止细菌从各回风口进入则是从源头上采取的最好措施。但这种过滤器必须有高中效的效率，才有望把 90% 左右的细菌阻挡下来，又要安装简单和便宜。而该高中效过滤器正拥有以上特点，据实测，滤菌效率已达 99%。它的安装不用螺杆、压紧等常规做法，只需贴附到外框上面即可。

12.8 新 风

本设计中新风采取集中处理方式：隔离病房每 4 套共用一台新风机组，其余系统共用一台。

12.9 用风机送风口自循环

如果找不到 50Pa 的风机盘管，又担心其凝水问题，可以采用如图 12-4 所示的用风机送风口方案。

由于病房内只住 1~2 个人，热湿负荷很小。如果回风不需要热湿处理，不经过空调新风机组，而由空调新风机组只处理新风来承担全部空调系统的热湿负荷，就不会出现冷凝水的问题了。

该方案通过降低机器露点或增加新风量两种方法解决空调

新风机组承担全部湿负荷的问题。如果增加新风量，对双人病房计算结果只要 $3.1h^{-1}$ 新风，即增加 $1h^{-1}$。

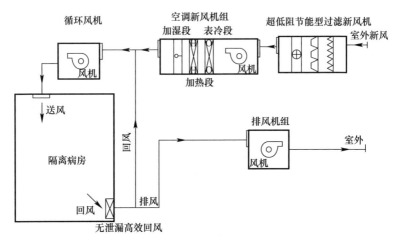

图 12-4　用风机送风口自循环

该方案以上海气象条件为例计算说明，空调新风机组中部分类型的表冷器 6 排即达到设计要求（<26℃，<60%），用另一部分类型表冷器则需 8 排。

参 考 文 献

（1）国家卫生和计划生育委员会规划与信息司 等主编. 综合医院建筑设计规范. GB 51039—2014 ［S］. 北京：中国计划出版社，2014.

（2）中国中元国际工程有限公司 主编. 传染病医院建筑设计规范. GB 50849—2014 ［S］. 北京：中国计划出版社，2014.

（3）中国建筑科学研究院 主编. 传染病医院建筑施工及验收规范. GB 50686—2011 ［S］. 北京：中国建筑工业出版社，2011.

（4）中国建筑科学研究院 主编. 洁净室施工及验收规范. 50591—2010 ［S］. 北京：北京：中国建筑工业出版社，2010.

（5）北京市卫生局. 负压隔离病房建设配置基本要求，DB 11/663—2009 ［S］. 北京：北京市质量技术监督局，2009.

（6）许钟麟著. 隔离病房设计原理［M］. 北京，科学出版社，2006.

（7）于玺华 主编. 现代空气微生物学［M］. 北京，人民军医出版社，2002.

（8）许钟麟 主编. 沈晋明副主编. 医院洁净手术部建筑技术规范实施指南［M］. 北京，中国建筑工业出版社，2014.

（9）许钟麟，武迎宏 编. 《负压隔离病房建设配置基本要求》培训教材［M］. 北京，中国建工出版社，2010.